REVUE TECHNIQUE

DE

L'EXPOSITION UNIVERSELLE

DE

CHICAGO EN 1893

PAR

M. GRILLE | M. H. FALCONNET O
INGÉNIEUR CIVIL DES MINES | INGÉNIEUR DES ARTS ET MANUFACTURES

Cinquième Partie

LES ARTS MILITAIRES AUX ÉTATS-UNIS ET A L'EXPOSITION DE CHICAGO

Collaborateurs : MM. MÉTIVIER ET ZIEGLER
INGÉNIEURS DES ARTS ET MANUFACTURES

ORGANE

DES CONGRÈS INTERNATIONAUX TENUS A CHICAGO EN 1893

SOUS LA PRÉSIDENCE DE

MM. O. CHANUTE & E. L. CORTHELL

PARIS

E. BERNARD & CIE, IMPRIMEURS-ÉDITEURS

53 ter, quai des Grands-Augustins, 53 ter

1894

REVUE TECHNIQUE

DE

L'EXPOSITION UNIVERSELLE

DE

CHICAGO EN 1893

PAR

M. GRILLE | **M. H. FALCONNET**
INGENIEUR CIVIL DES MINES | INGENIEUR DES ARTS ET MANUFACTURES

Collaborateurs : MM. MÉTIVIER ET ZIEGLER

INGÉNIEURS DES ARTS ET MANUFACTURES

Cinquième Partie

LES ARTS MILITAIRES AUX ÉTATS-UNIS ET A L'EXPOSITION DE CHICAGO

ORGANE

DES CONGRES INTERNATIONAUX TENUS A CHICAGO EN 1893

SOUS LA PRÉSIDENCE DE

MM. O. CHANUTE & E.-L. CORTHELL

PARIS

E. BERNARD & CIE, IMPRIMEURS-ÉDITEURS

53 ter, quai des Grands-Augustins, 53 ter

1894

TABLE DES TABLES

Paris — Imp. E. BERNARD et Cⁱᵉ, 23, rue des Grands-Augustins

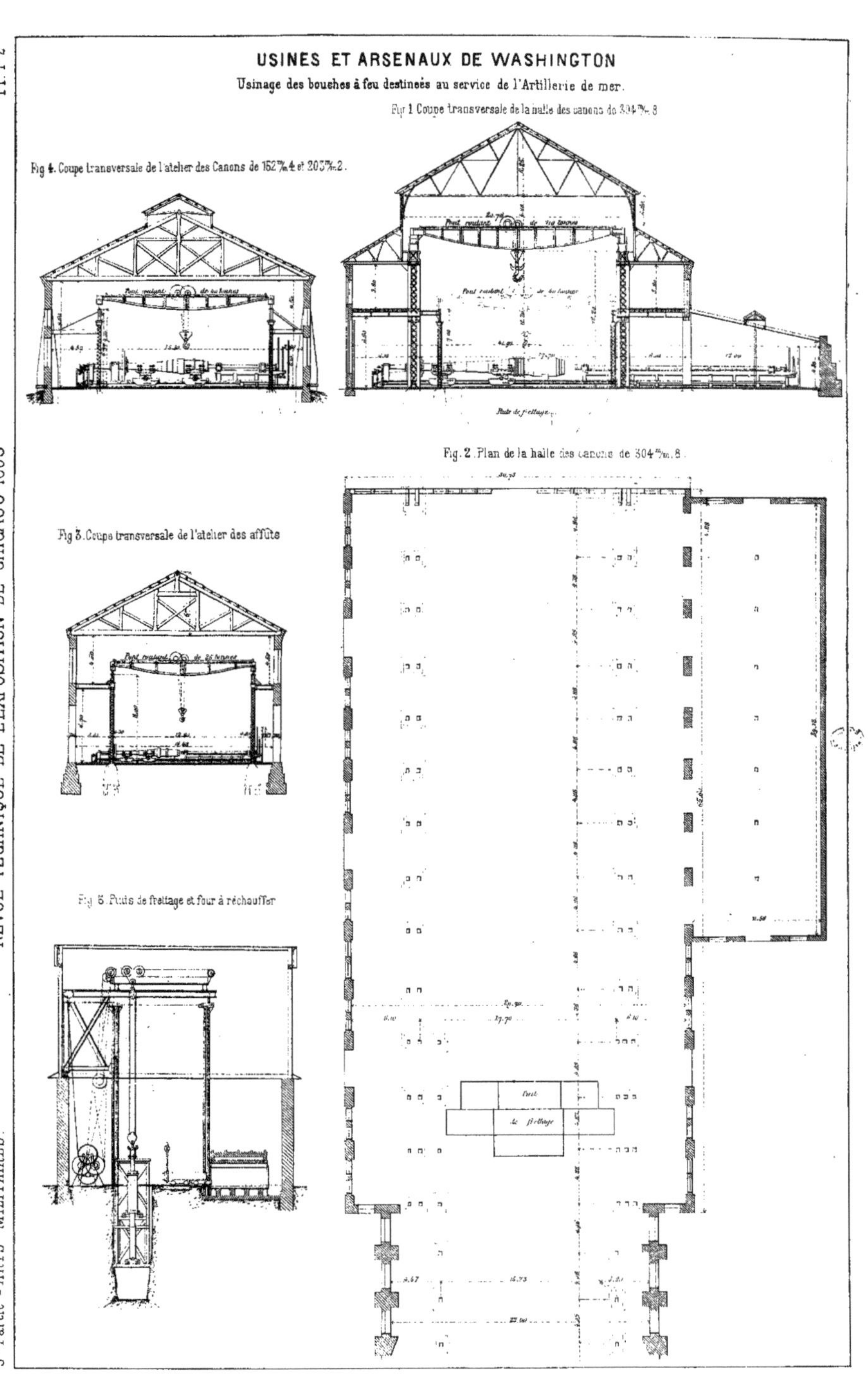

Pl. 1-2
REVUE TECHNIQUE DE L'EXPOSITION DE CHICAGO 1893
5e Partie – ARTS MILITAIRES.
USINES ET ARSENAUX DE WASHINGTON
Usinage des bouches à feu destinées au service de l'Artillerie de mer.
Fig 1 Coupe transversale de la halle des canons de 304 m/m 8
Fig 4. Coupe transversale de l'atelier des Canons de 152 m/m 4 et 203 m/m 2.
Fig 3. Coupe transversale de l'atelier des affûts
Fig 5. Puits de frettage et four à réchauffer
Fig. 2. Plan de la halle des canons de 304 m/m 8.
Pont roulant de 90 tonnes
Pont roulant de 40 tonnes
Puits de frettage

ARSENAUX DE WATERVLIET

Machine à rayer pour bouches à feu du calibre de 203 ⅜.2 et 304 ⅜.8. (Fig. 1 à 5.)

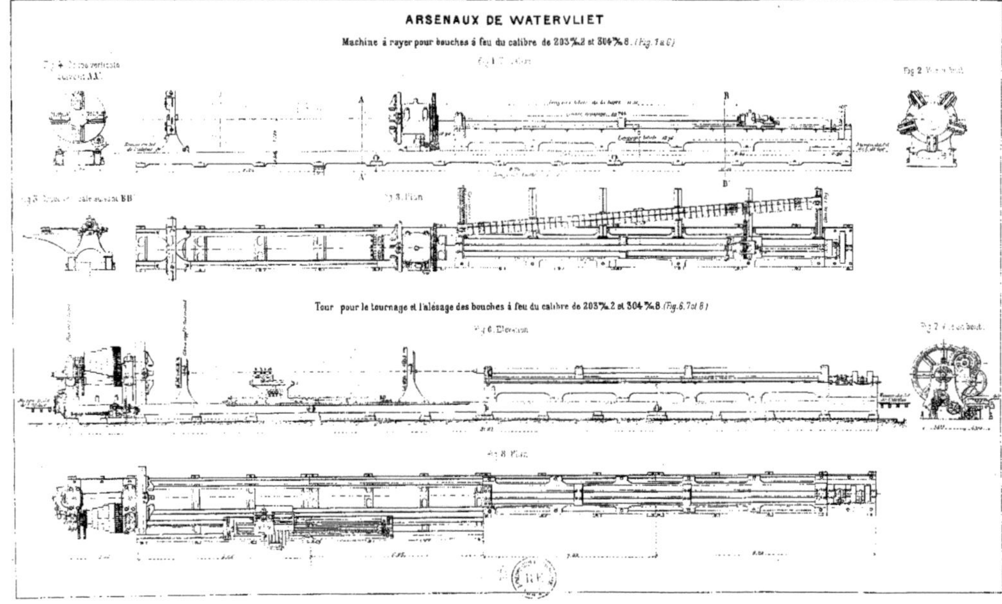

Tour pour le tournage et l'alésage des bouches à feu du calibre de 203 ⅜.2 et 304 ⅜.8. (Fig. 6.7 et 8.)

ARSENAUX DE WATERVLIET

Machine à fileter et à tailler les écrous de culasse des canons du calibre de 203,2 à 304,8

(Fig. 1, 2, 3 et 4)

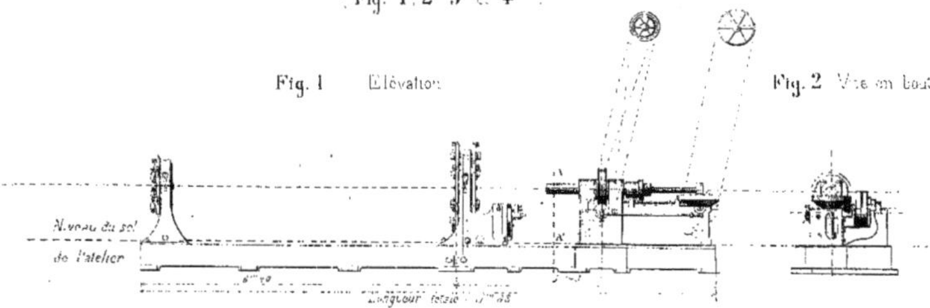

Fig. 1 — Élévation

Fig. 2 — Vue en bout

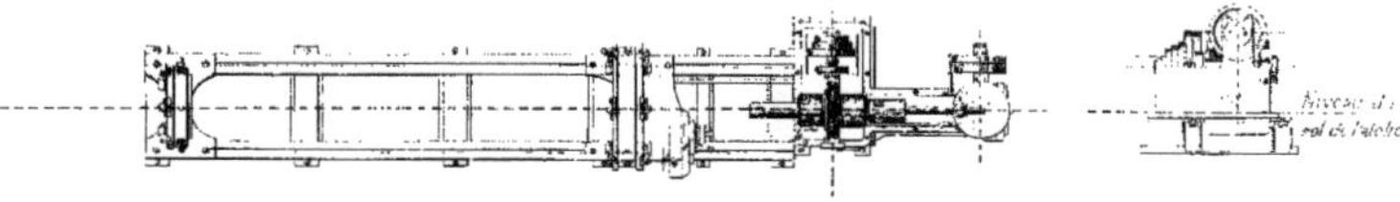

Fig. 3 — Plan

Fig. 4 — Coupe transversale suivant AA'

Tour pour le finissage des Canons du calibre de 203,2 à 304,8 (Fig. 5, 6 et 7)

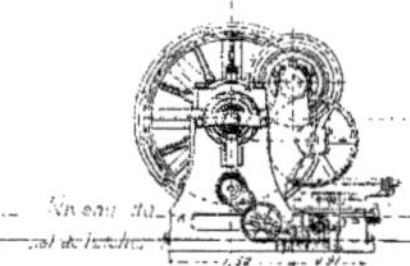

Fig. 6 — Vue en bout

Fig. 5 — Élévation

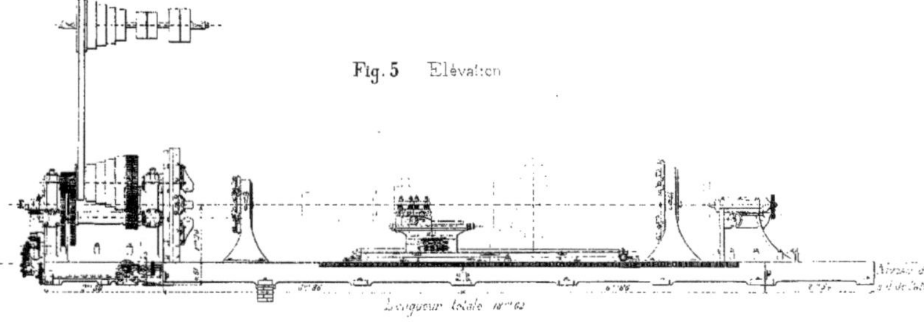

Fig. 7 — Plan

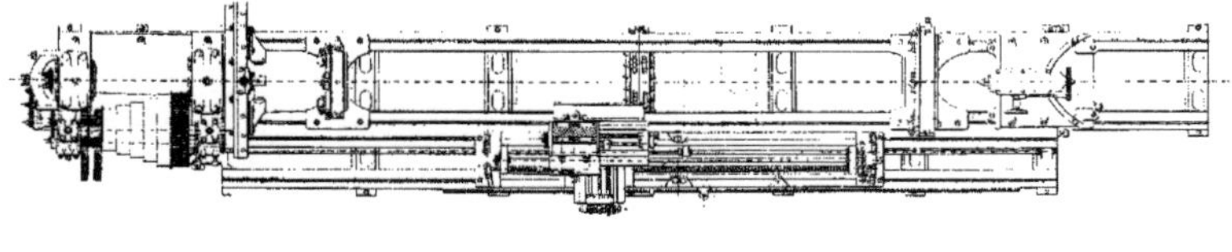

ARSENAUX DE WATERVLIET

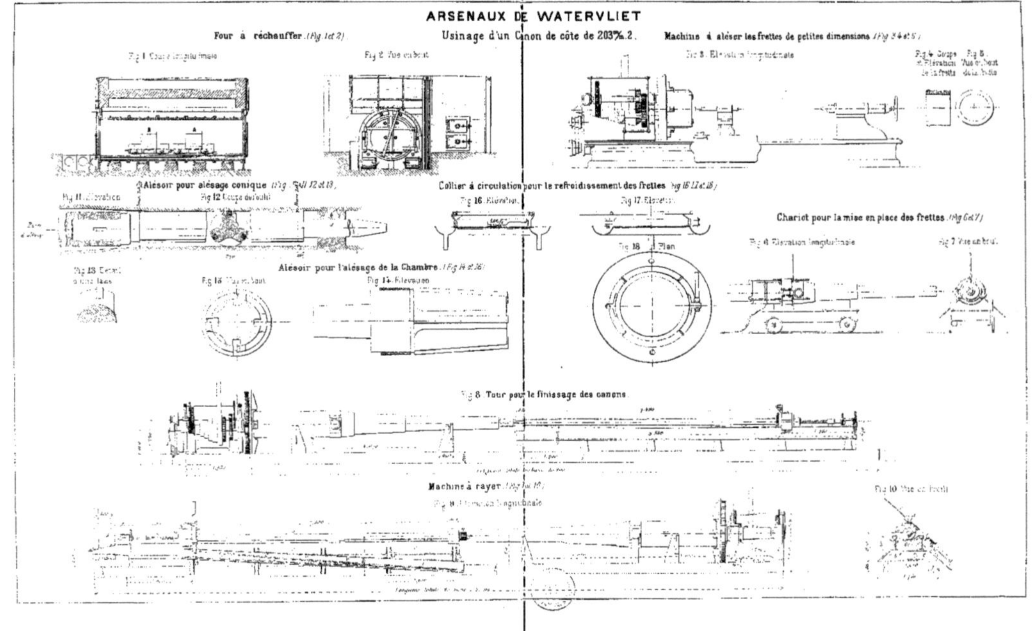

USINES ET ARSENAUX DE WATERVLIET
USINAGE DES BOUCHES A FEU DESTINÉES AU SERVICE DE L'ARTILLERIE DE TERRE

FIG. 1. — VUE EXTÉRIEURE DES ARSENAUX.

FIG 2. — PONT ROULANT INSTALLÉ DANS LE NOUVEL ATELIER.

FIG. 3. — VUE DE TUBE DE CANON DE 305ᵐ/ᵐ SUR LE TOUR.

FIG. 4. — MACHINES A FILETER ET A TAILLER LES ÉCROUS DE CULASSE.

FIG. 5. — PUITS DE FRETTAGE ET FOUR A RÉCHAUFFER.

FIG. 6. — VUE INTÉRIEURE DE LA NOUVELLE HALLE DES CANONS.

FIG. 7. — CANONS DE 203ᵐ/ᵐ PRÊTS A ÊTRE EXPÉDIÉS.

FIG. 8. — VUE INTÉRIEURE DE L'ANCIENNE HALLE A CANONS.

FORGES ET ATELIERS DE BETHLEHEM

FIG. 1. — VUE DU TUBE DU CANON DE 330 ᵐ/ᵐ. 2
(CE TUBE, FORGÉ CREUX, PÈSE 26 800 KILOGRAMMES).

FIG. 2. — VUE DE LA JAQUETTE DU CANON DE 330 ᵐ/ᵐ. 2
(CE MANCHON, FORGÉ CREUX, PÈSE 25 800 KILOGRAMMES)

FIG. 3. — VUE DE LA GRANDE HALLE DES ATELIERS. — LONGUEUR : 380 M., LARGEUR : 35ᵐ.80.

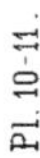

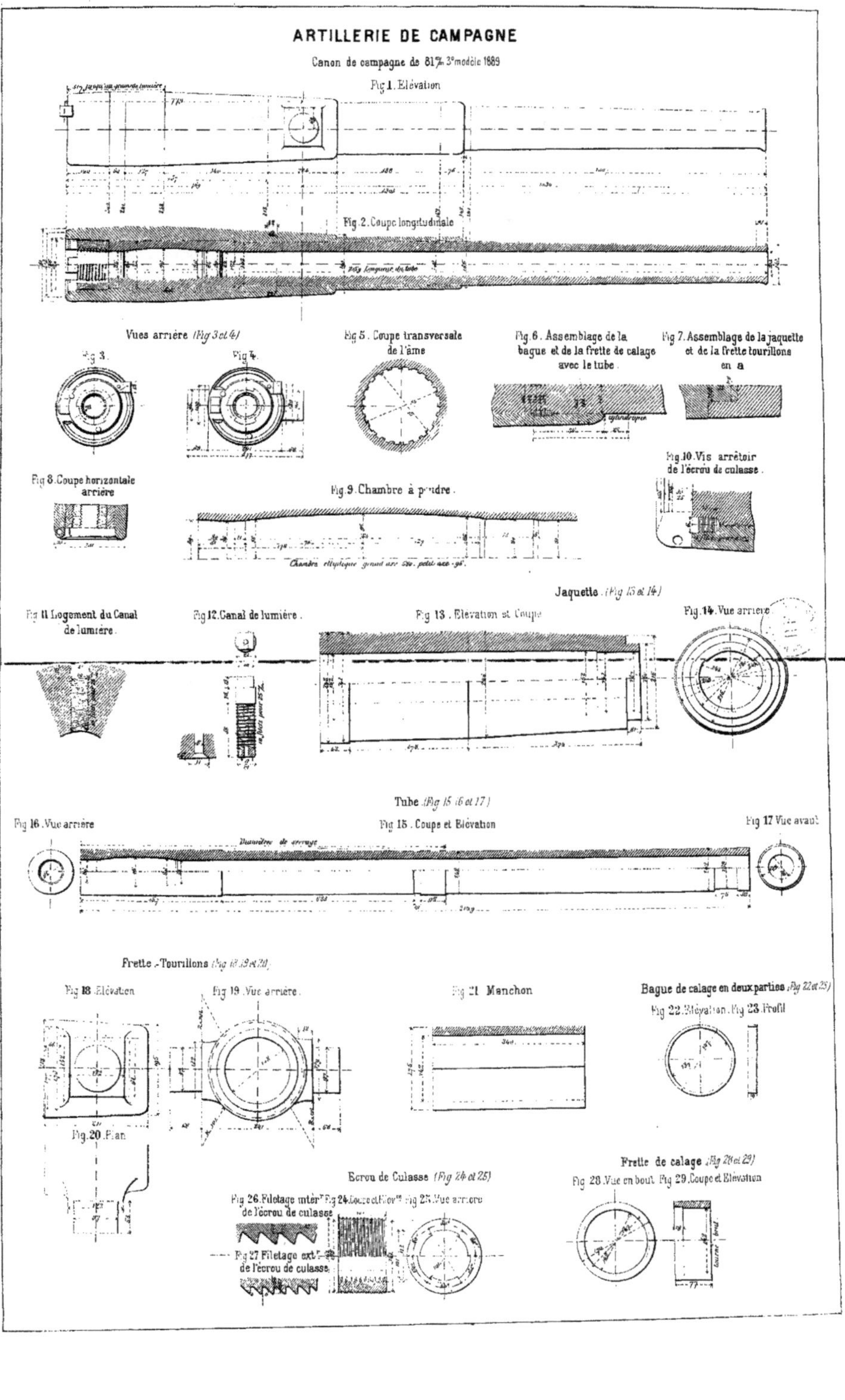

PL. 10-11.
REVUE TECHNIQUE DE L'EXPOSITION DE CHICAGO 1893
5e Partie. - ARTS MILITAIRES.
ARTILLERIE DE CAMPAGNE
Canon de campagne de 81%m 3e modèle 1889
Fig 1. Elévation
Fig 2. Coupe longitudinale
Longueur du tube
Vues arrière (Fig 3 et 4)
Fig 3.
Fig 4.
Fig 5. Coupe transversale de l'âme
Fig 6. Assemblage de la bague et de la frette de calage avec le tube
Fig 7. Assemblage de la jaquette et de la frette tourillons en a
Fig 8. Coupe horizontale arrière
Fig 9. Chambre à poudre.
Chambre elliptique grand axe 520, petit axe 96
Fig 10. Vis arrêtoir de l'écrou de culasse.
Jaquette (Fig 13 et 14)
Fig 11 Logement du Canal de lumière.
Fig 12. Canal de lumière.
Fig 13. Elévation et Coupe
Fig 14. Vue arrière.
Tube (Fig 15 16 et 17)
Fig 16. Vue arrière
Fig 15. Coupe et Elévation
Fig 17 Vue avant
Diamètre de serrage
Frette - Tourillons (Fig 18 19 et 20)
Fig 18 Elévation
Fig 19. Vue arrière.
Fig 21 Manchon
Bague de calage en deux parties (Fig 22 et 23)
Fig 22. Elévation. Fig 23. Profil
Fig 20. Plan
Ecrou de Culasse (Fig 24 et 25)
Frette de calage (Fig 28 et 29)
Fig 26. Filetage intér. Fig 24. Coupe et Elévt. Fig 25. Vue arrière de l'écrou de culasse
Fig 27 Filetage ext. de l'écrou de culasse
Fig 28 Vue en bout. Fig 29 Coupe et Elévation

ARTILLERIE DE CAMPAGNE

Fermeture de culasse pour canon de campagne de 81ᵐ/ₘ 3.

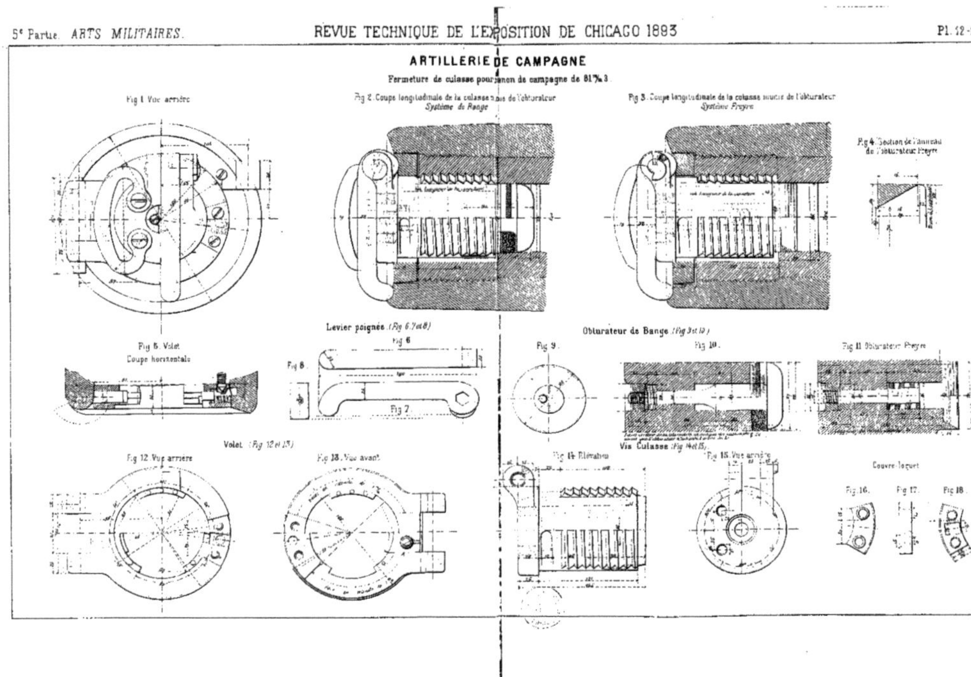

ARTILLERIE DE CAMPAGNE

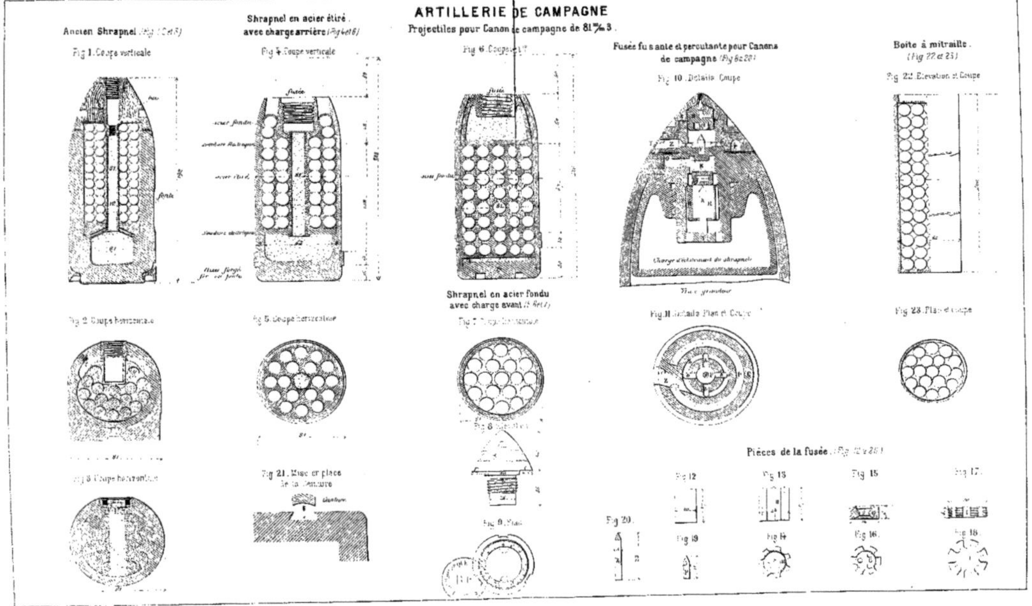

ARTILLERIE DE CAMPAGNE.

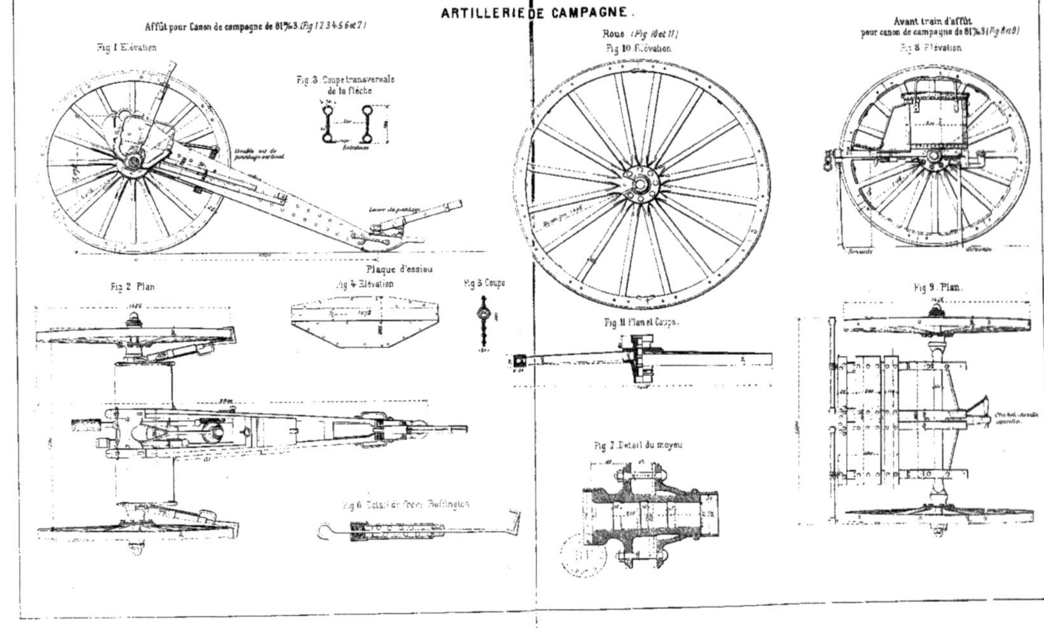

ARTILLERIE DE CAMPAGNE.

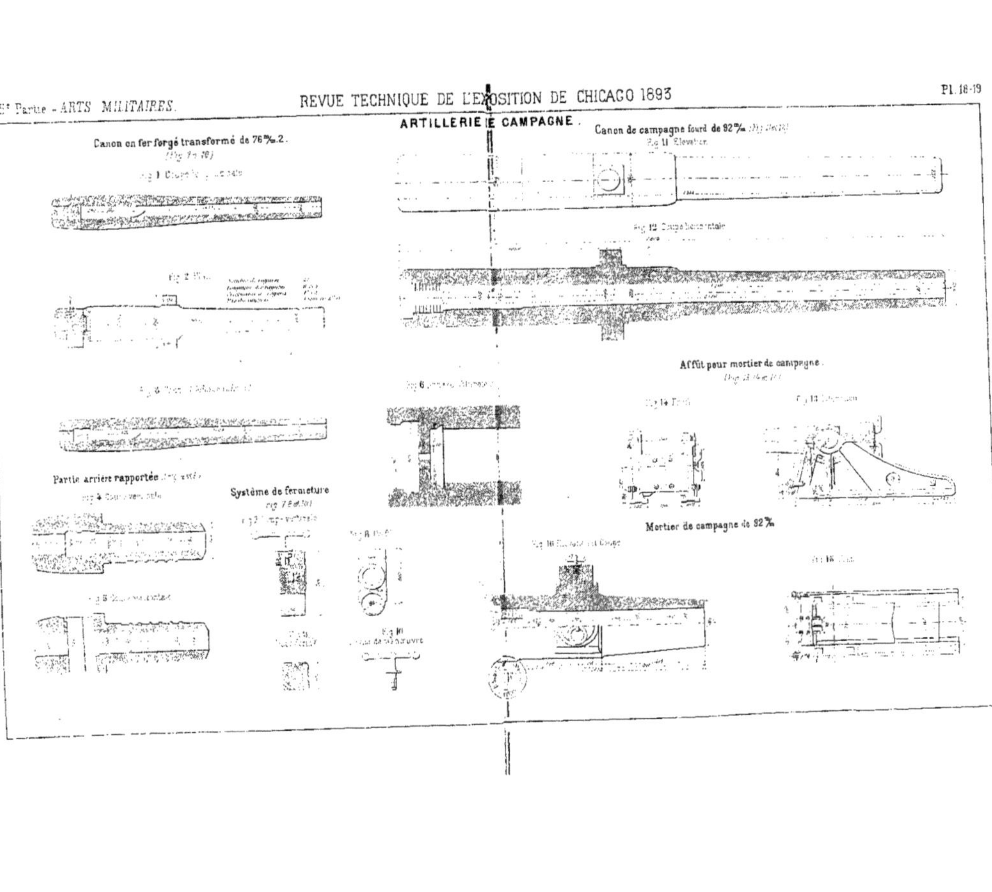

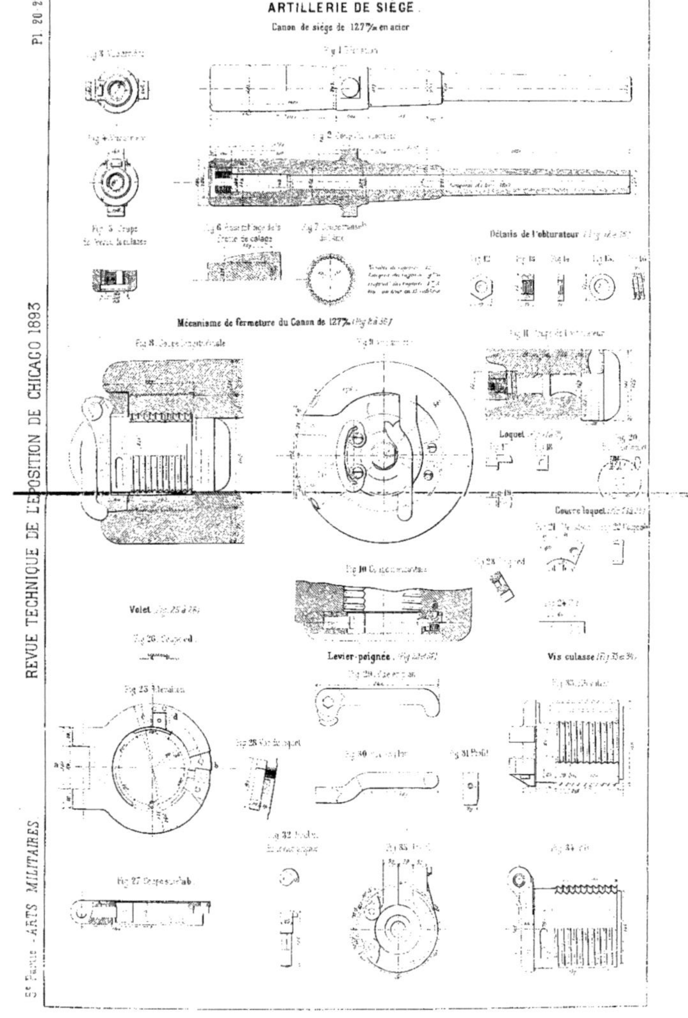
ARTILLERIE DE SIÈGE.
Canon de siége de 127 m/m en acier
Détails de l'obturateur
Mécanisme de fermeture du Canon de 127%
Loquet
Couvre loquet
Volet
Levier-poignée
Vis culasse

ARTILLERIE DE SIÉGE

Affût de siège pour canon de 127% en acier

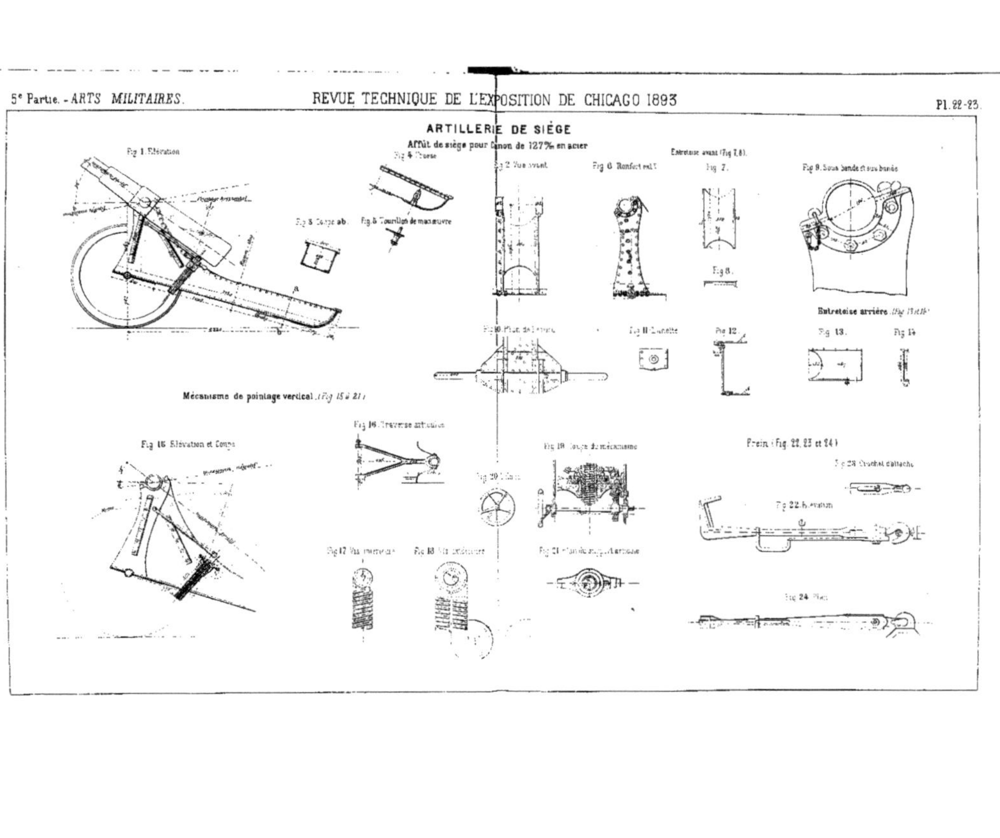

ARTILLERIE DE SIÈGE.

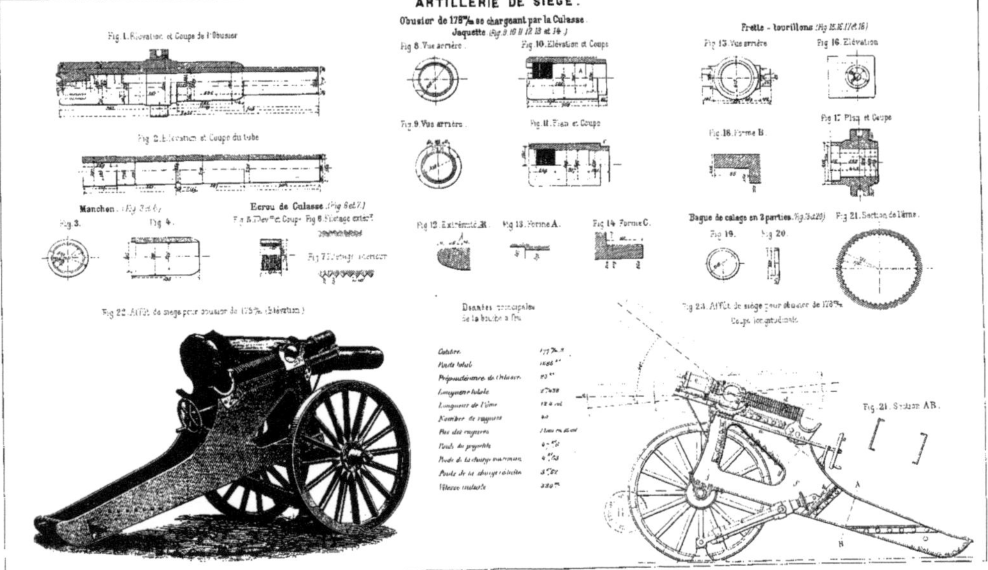

ARTILLERIE DE CÔTE.

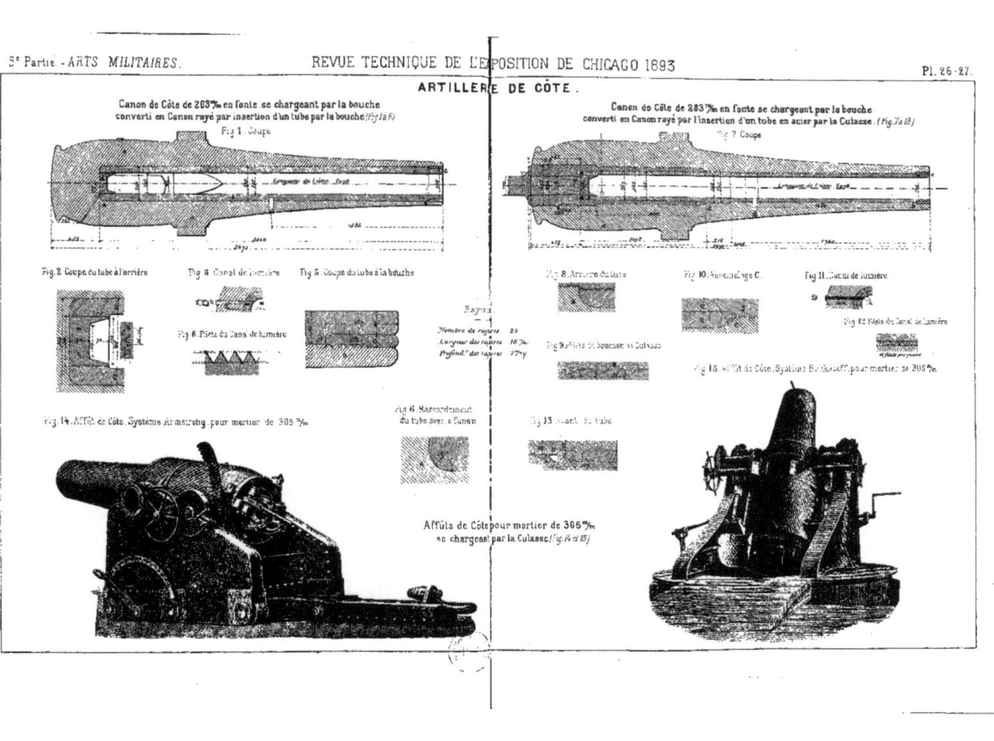

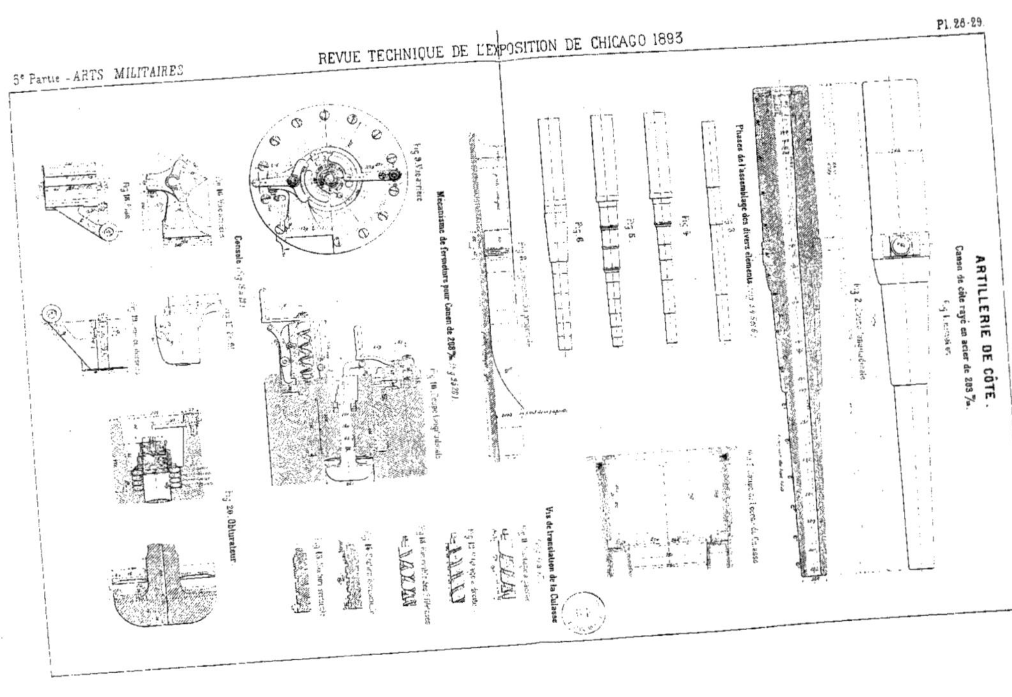
ARTILLERIE DE CÔTE.
Canon de côte rayé en acier de 203 %.
Phases de l'assemblage des divers éléments.
Mécanisme de fermeture pour Canon de 203 %.
Vis de translation de la Culasse

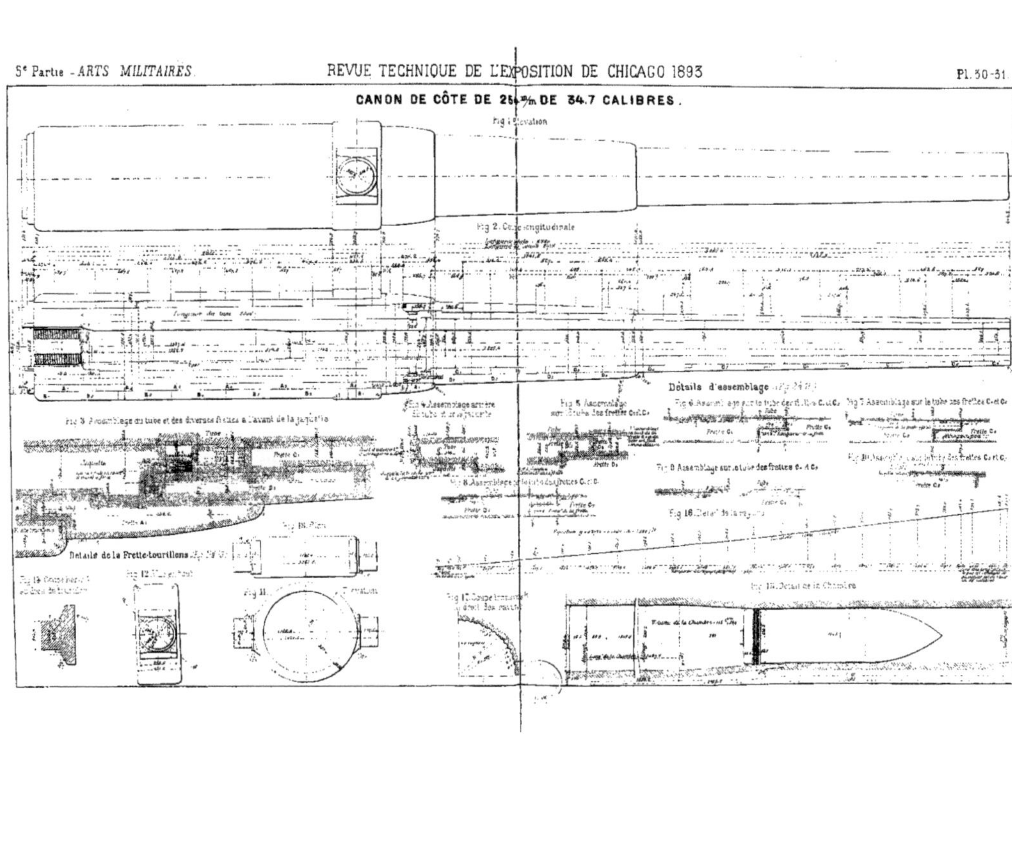
CANON DE CÔTE DE 25 ᵐ/ₘ DE 34.7 CALIBRES.
Fig 1 Élévation
Fig 2. Coupe longitudinale
Détails d'assemblage
Fig 3 Assemblage du tube et des diverses frettes à l'avant de la jaquette
Fig 4. Assemblage arrière du tube et de la jaquette
Fig 5 Assemblage sur le tube des frettes C₁ et C₂
Fig 6 Assemblage sur le tube de frettes C₁ et C₂
Fig 7 Assemblage sur le tube des frettes C₁ et C₂
Fig 8 Assemblage des frettes C₁ et C₂
Fig 9 Assemblage sur le tube des frettes C₁ et C₂
Fig 10 Assemblage des frettes C₁ et C₂
Fig 16 Détail de la rayure
Détail de la Frette-tourillons
Fig 14 Coupe transversale
Fig 12 Élévation
Fig 11
Fig 13 Plan
Fig 17 Coupe transversale
Fig 15 Détail de la Chambre

ARTILLERIE DE CÔTE.

Système de fermeture du Canon de côte de 203ᵐ/ₘ

(Fig. 1 et 2)

Culasse fermée.

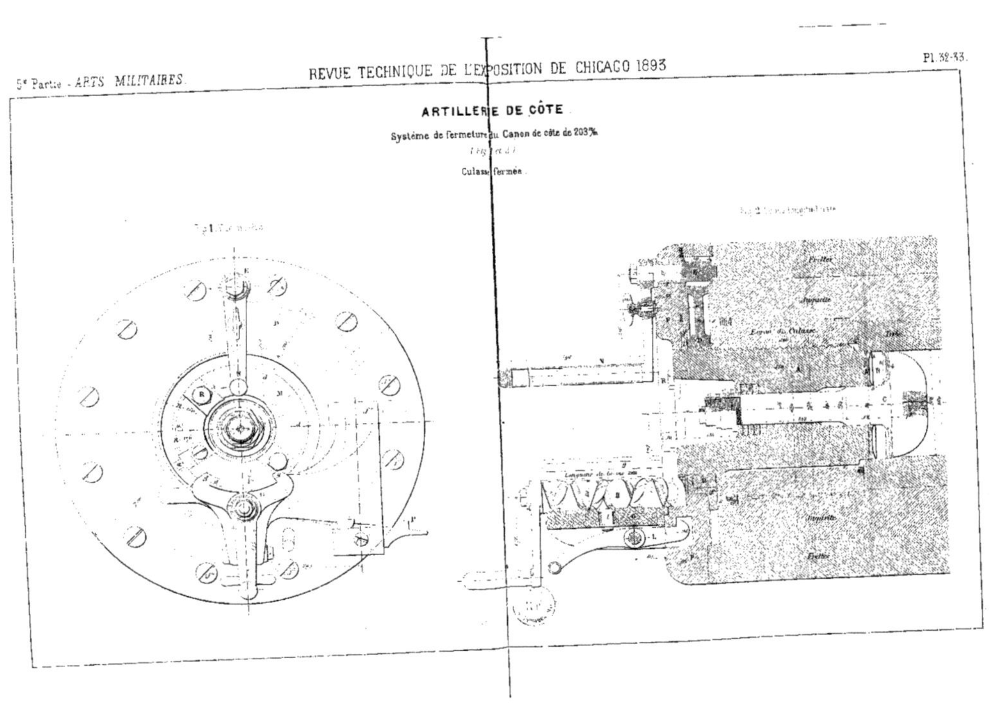

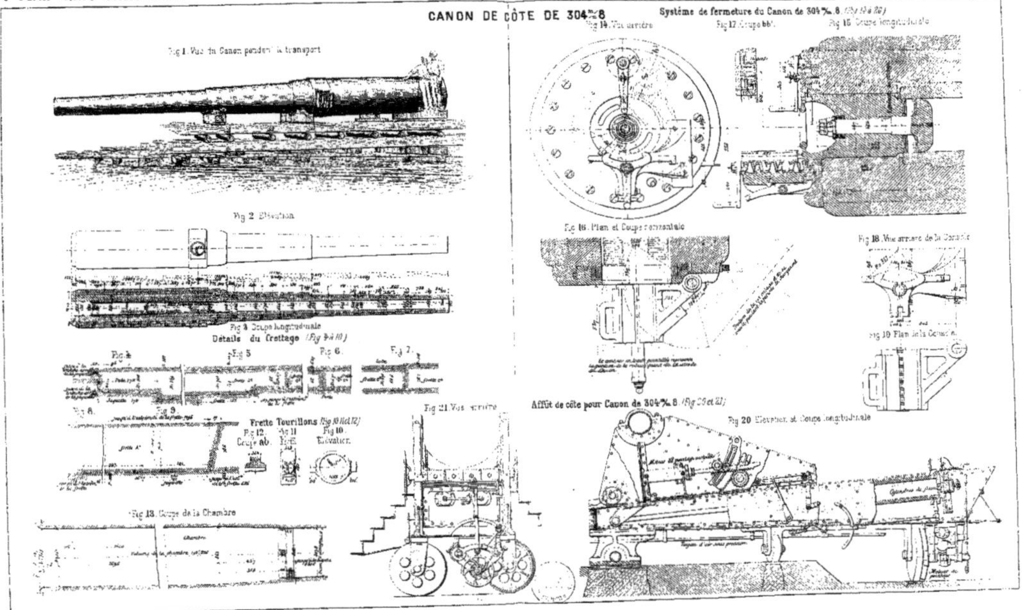
CANON DE CÔTE DE 304 m/m 8
Fig 1. Vue du Canon pendant le transport
Fig 2. Élévation
Fig 3. Coupe longitudinale
Détails du Frettage (Fig 3 à 10)
Fig 4.   Fig 5.   Fig 6.   Fig 7.
Fig 8.   Fig 9.
Frette Tourillons (Fig 10,11 et 12)
Fig 12.   Fig 11.   Fig 10.
Coupe ab.   Elévation.
Fig 13. Coupe de la Chambre
Système de fermeture du Canon de 304 m/m 8 (Fig 14 à 19)
Fig 14. Vue arrière   Fig 17. Coupe bb'.   Fig 15. Coupe longitudinale
Fig 16. Plan et Coupe horizontale
Fig 18. Vue arrière de la Culasse
Fig 19. Plan de la Culasse
Affût de côte pour Canon de 304 m/m 8 (Fig 20 et 21)
Fig 21. Vue arrière   Fig 20. Élévation et Coupe longitudinale

ARTILLERIE DE CÔTE

Canon de Côte en acier de 305 m/m.

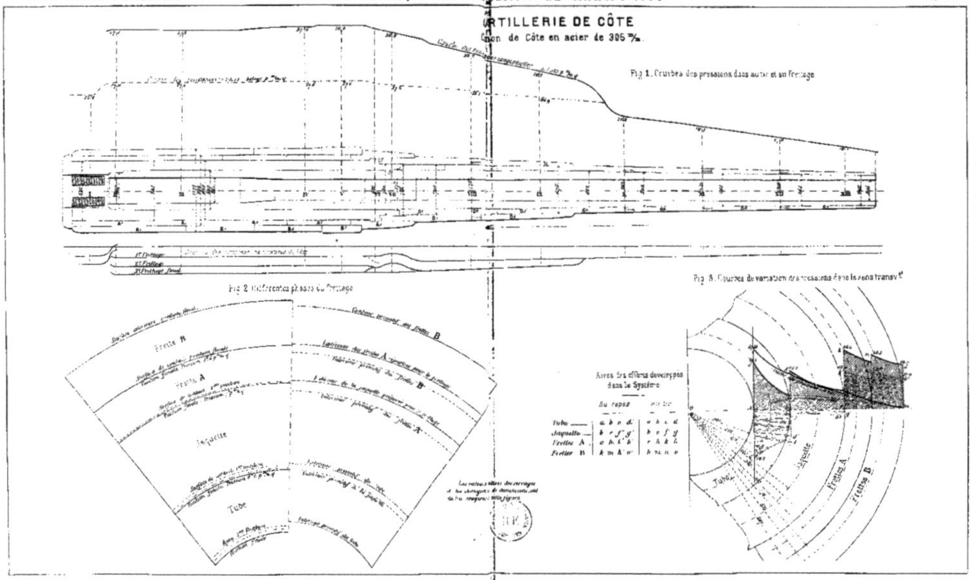

5ᵉ Partie - ARTS MILITAIRES.

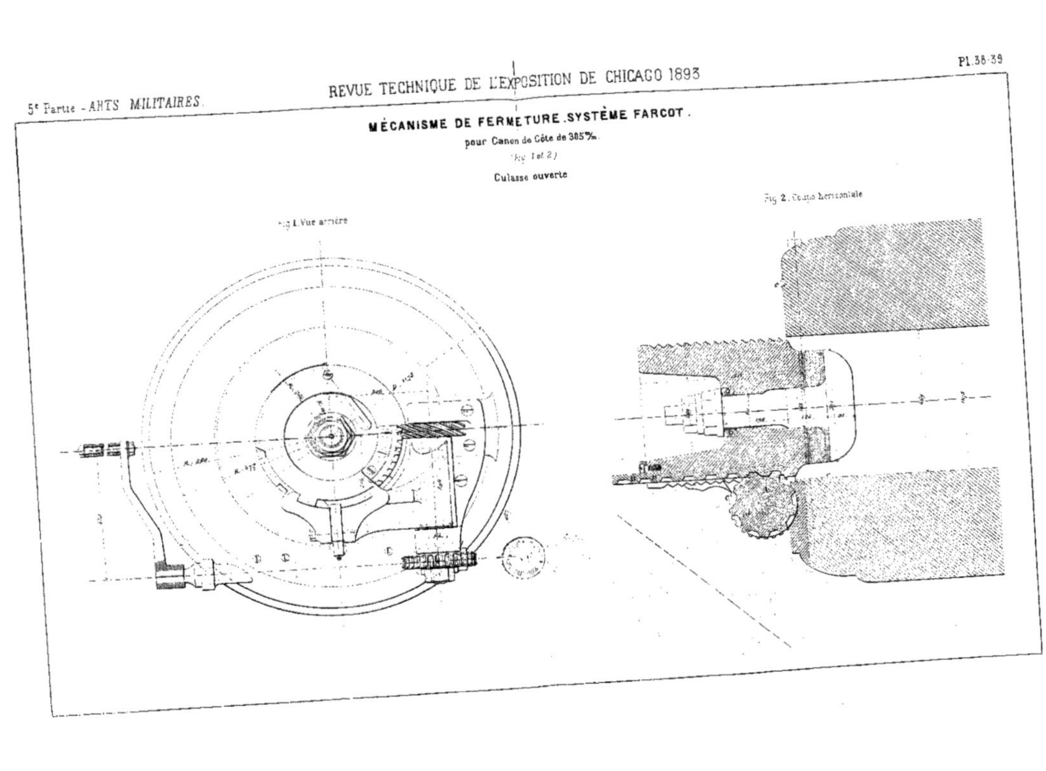

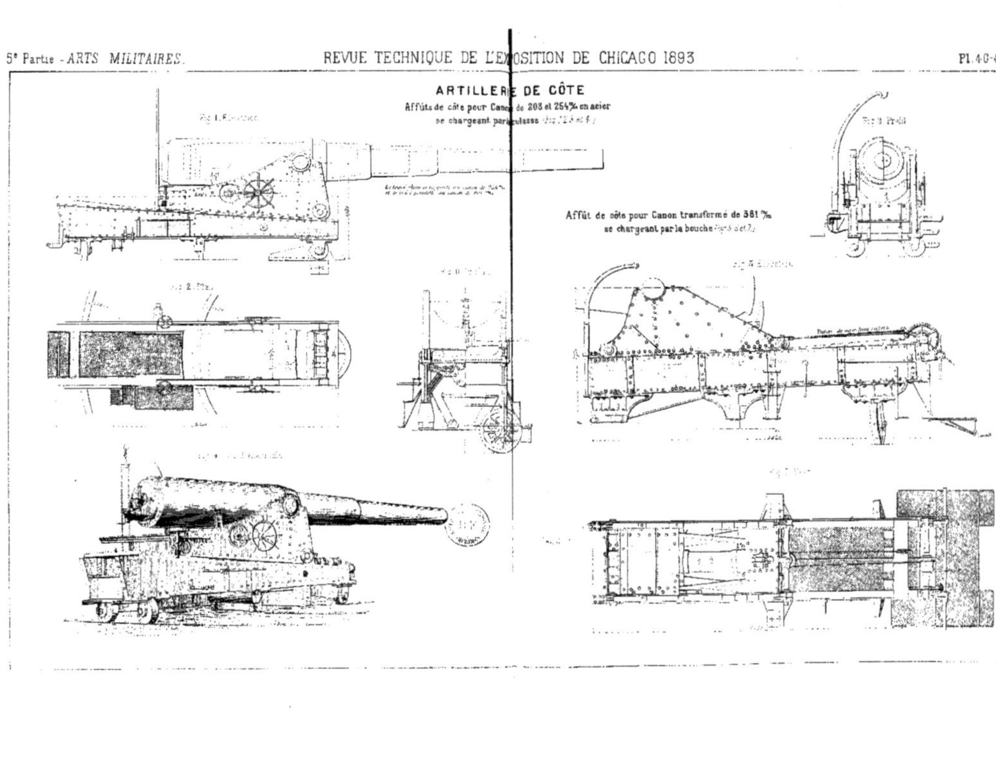

ARTILLERIE DE CÔTE
Affûts de côte pour Canons de 203 et 254 m/m en acier
se chargeant par la culasse (fig. 1, 2, 3 et 4)
Affût de côte pour Canon transformé de 381 m/m
se chargeant par la bouche (fig. 5, 6 et 7)

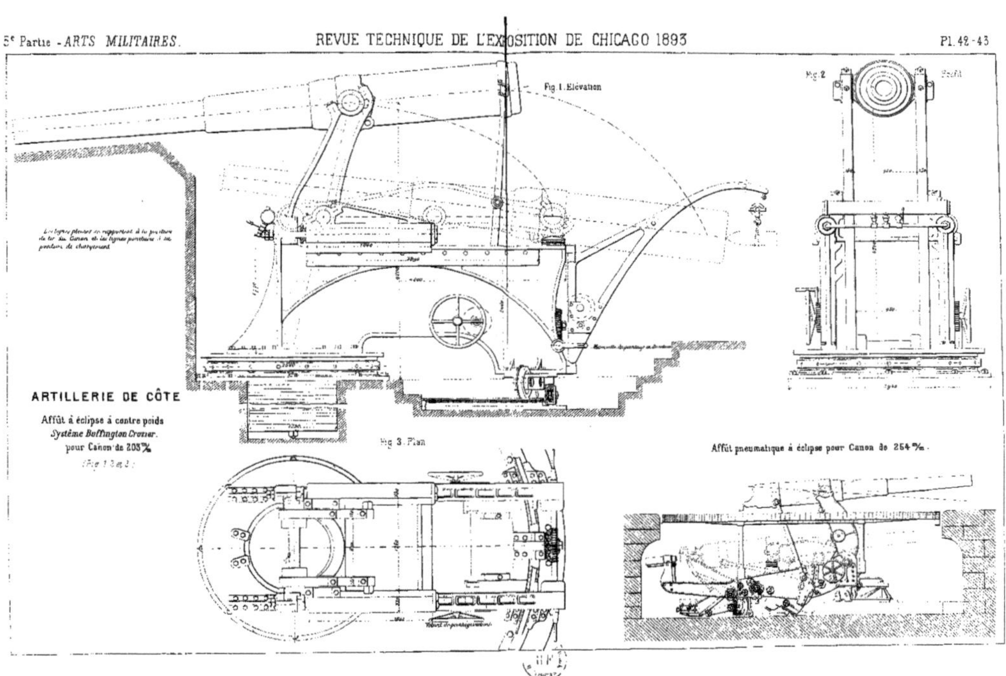
Fig.1. Elevation
Fig.2
Profil
ARTILLERIE DE CÔTE
Affût à éclipse à contre poids
Système Buffington Crozier.
pour Canon de 203 %
(Fig 1,2 et 3)
Fig 3. Plan
Affût pneumatique à éclipse pour Canon de 254 %.

ARTILLERIE DE CÔTE

Affût à éclipse à contre-poids . *(Système Gordon)*

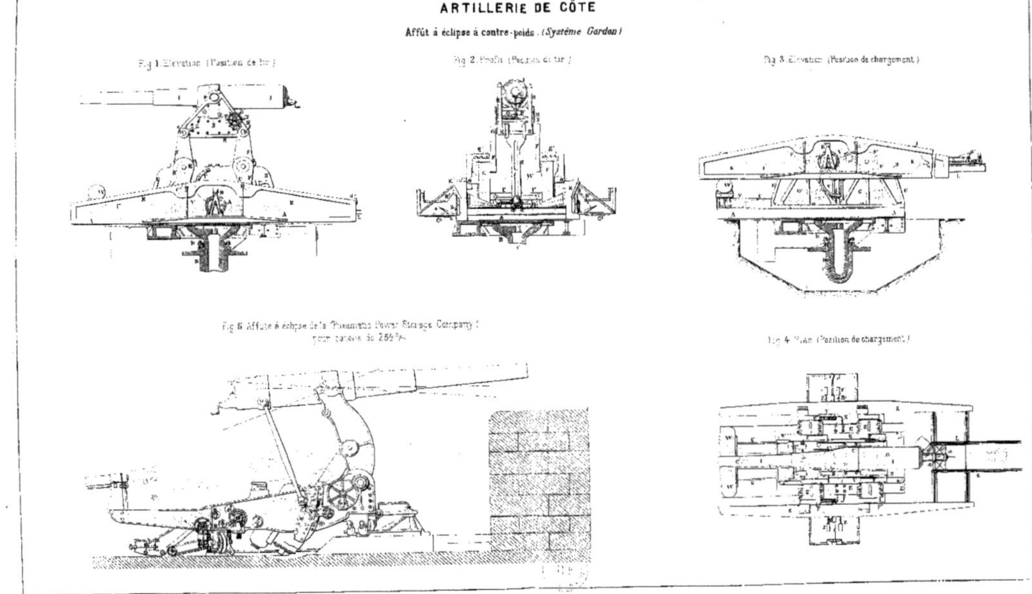

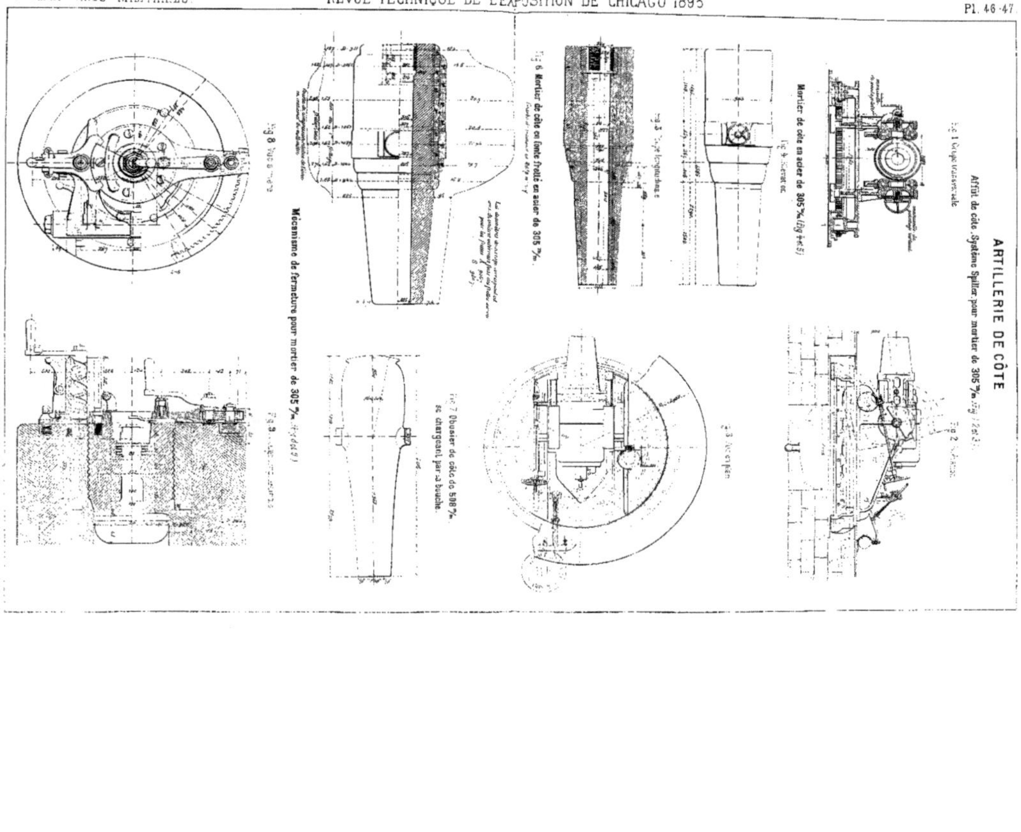

ARTILLERIE DE CÔTE

Affût de côte, Système Spiller, pour mortier de 305 m/m

Fig. 1 Coupe transversale

Fig. 2 ...

Fig. 6 Mortier de côte en fonte frettée en acier de 305 m/m

Mortier de côte en acier de 305 m/m

Fig. 7 Obusier de côte de 508 m/m se chargeant par la bouche

Mécanisme de fermeture pour mortier de 305 m/m

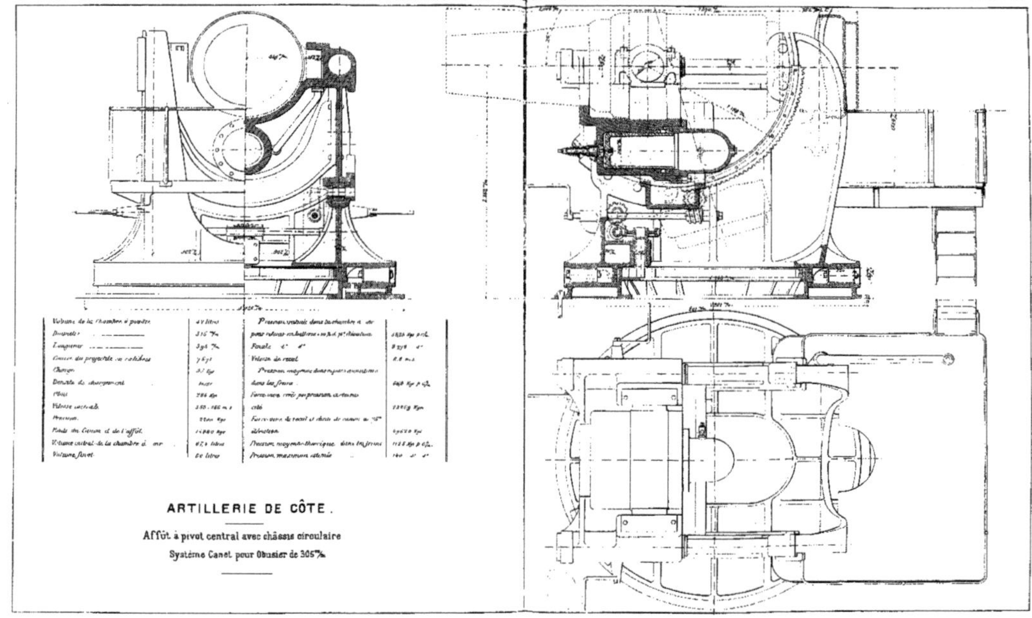

ARTILLERIE DE CÔTE.

Affût à pivot central avec châssis circulaire
Système Canet pour Obusier de 305ᵐ⁄ₘ.

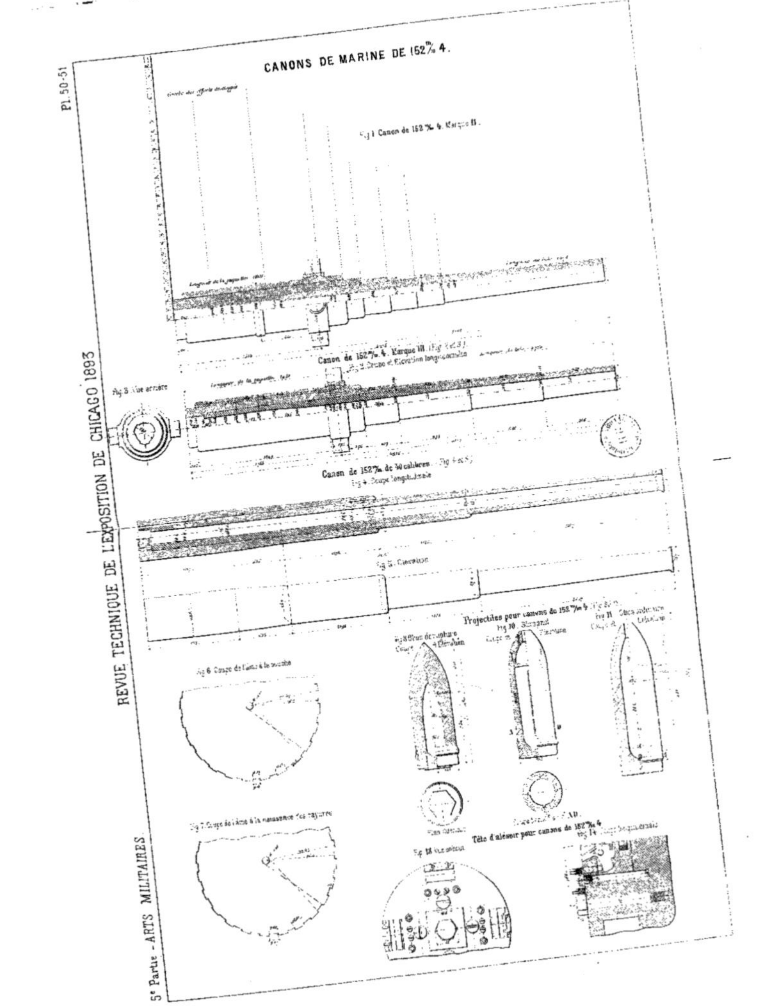
CANONS DE MARINE DE 152ᵐ/₀ 4.
Fig. 1 Canon de 152ᵐ/₀ 4. Marque II.
Fig. 2 Vue arrière
Canon de 152ᵐ/₀ 4. Marque III. (Fig. 2 et 3)
Fig. 3 Coupe et Élévation longitudinale
Canon de 152ᵐ/₀ de 30 calibres. (Fig. 4 et 5)
Fig. 4 Coupe longitudinale
Fig. 5 Élévation
Fig. 6 Coupe de l'âme à la bouche
Fig. 7 Coupe de l'âme à la naissance des rayures
Projectiles pour canons de 152ᵐ/₀ 4
Fig. 8 Obus de rupture
Fig. 10 Shrapnel
Fig. 11 Obus ordinaire
Fig. 12 Vue arrière
Tête d'aléser pour canons de 152ᵐ/₀ 4
Fig. 14

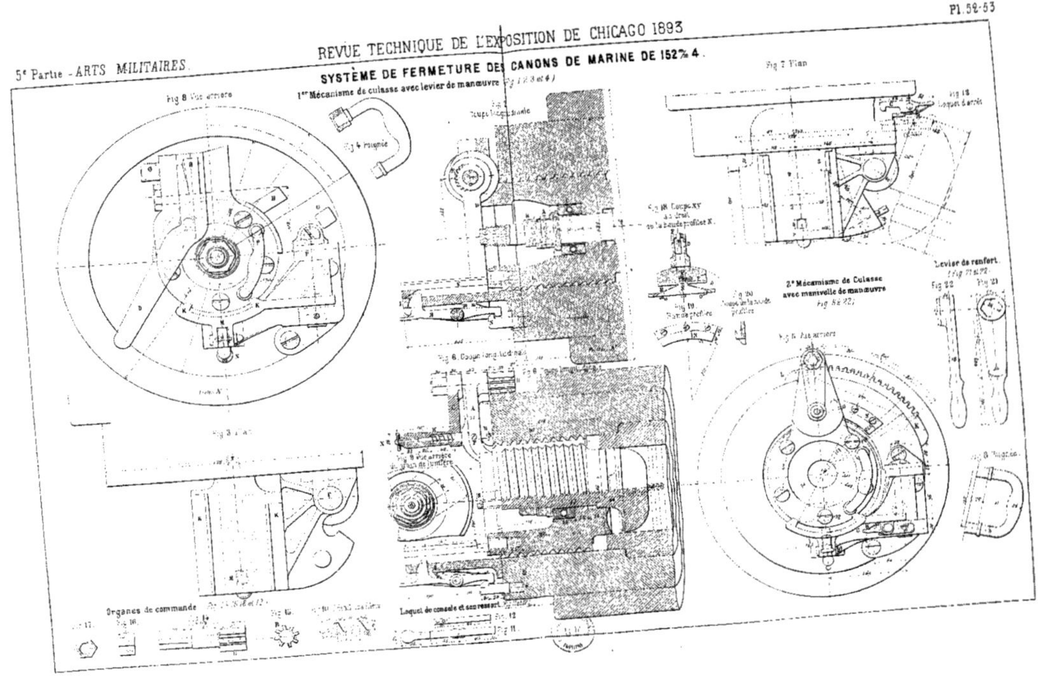
REVUE TECHNIQUE DE L'EXPOSITION DE CHICAGO 1893
5e Partie - ARTS MILITAIRES.
SYSTÈME DE FERMETURE DES CANONS DE MARINE DE 152% 4.
1er Mécanisme de culasse avec levier de manœuvre
Fig 7 Plan
Fig 8 Vue arrière
2e Mécanisme de Culasse
avec manivelle de manœuvre
Levier de renfort
Organes de commande
Loquet de console et son ressort

AFFÛTS DE BORD POUR CANONS ᴅᴇ 152ᵐ.4

Affût à pivot central à châssis incliné (Fig. 1 à 7)

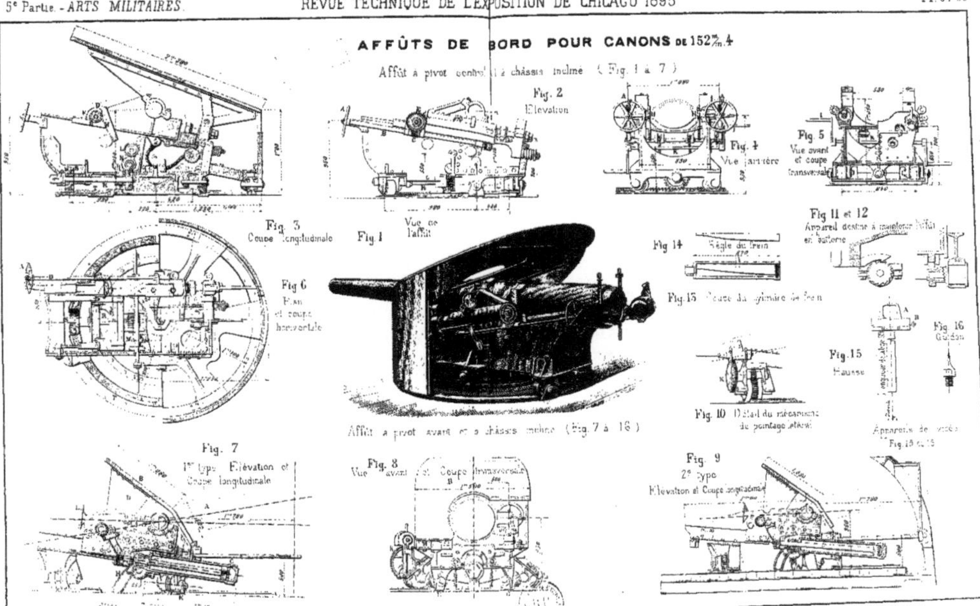

CANONS DE MARINE DE 203ᵐ⁄ₘ2.

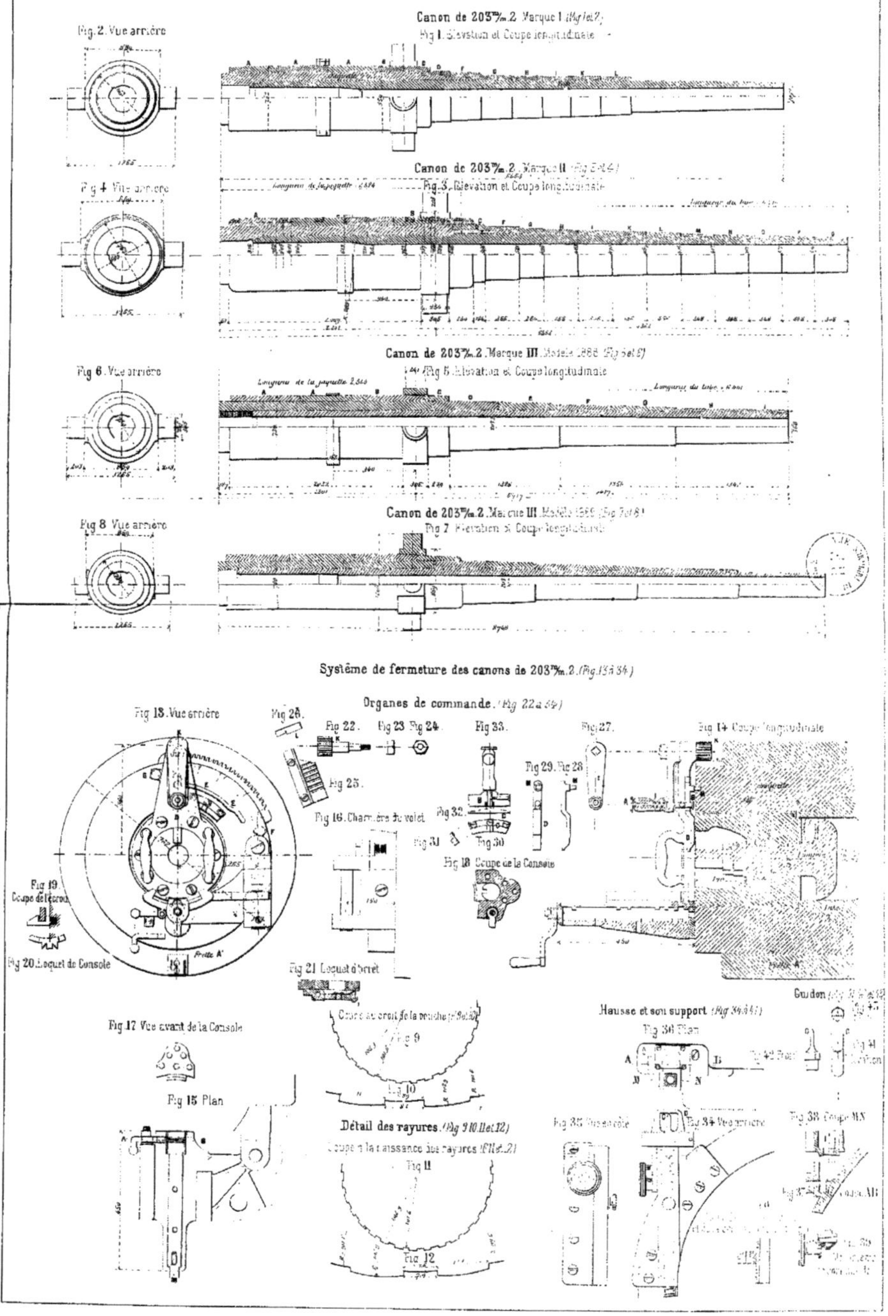

Canon de 203ᵐ⁄ₘ2. Marque I (Fig. 1 et 2).
Fig. 1. Élévation et Coupe longitudinale

Fig. 2. Vue arrière

Canon de 203ᵐ⁄ₘ2. Marque II (Fig. 3 et 4).
Fig. 3. Élévation et Coupe longitudinale

Fig. 4. Vue arrière

Canon de 203ᵐ⁄ₘ2. Marque III. Modèle 1888 (Fig. 5 et 6).
Fig. 5. Élévation et Coupe longitudinale

Fig. 6. Vue arrière

Canon de 203ᵐ⁄ₘ2. Marque III. Modèle 1886 (Fig. 7 et 8).
Fig. 7. Élévation et Coupe longitudinale

Fig. 8. Vue arrière

Système de fermeture des canons de 203ᵐ⁄ₘ2. (Fig. 13 à 34.)

Organes de commande. (Fig. 22 à 34.)

Fig. 13. Vue arrière

Fig. 14. Coupe longitudinale

Fig. 16. Charnière du volet

Fig. 17. Vue avant de la Console

Fig. 15. Plan

Fig. 18. Coupe de la Console

Fig. 19. Coupe de l'écrou

Fig. 20. Loquet de Console

Fig. 21. Loquet d'arrêt

Fig. 22. Fig. 23. Fig. 24. Fig. 25.
Fig. 26. Fig. 27. Fig. 28. Fig. 29. Fig. 30. Fig. 31. Fig. 32. Fig. 33.

Coupe au droit de la bouche (Fig. 9).

Détail des rayures. (Fig. 9, 10, 11 et 12.)
Coupe à la naissance des rayures (Fig. 11 et 12).
Fig. 11

Fig. 9
Fig. 10
Fig. 12

Hausse et son support (Fig. 34 à 41.)
Fig. 36. Plan

Guidon (Fig. 41 et 42.)

Fig. 35. Vue en côté
Fig. 34. Vue arrière
Fig. 38. Coupe MN

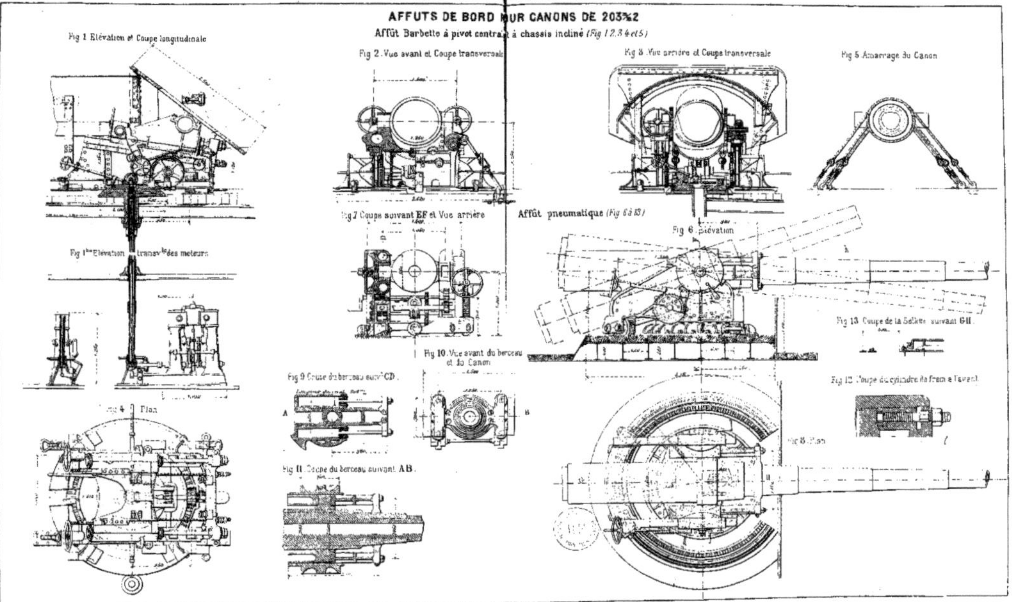

AFFUTS DE BORD POUR CANONS DE 203ᵐ%2
Affût Barbette à pivot central à chassis incliné (Fig 1.2.3.4 et 5)
Fig 1 Elévation et Coupe longitudinale
Fig 2. Vue avant et Coupe transversale
Fig 3 .Vue arrière et Coupe transversale
Fig 5 Amarrage du Canon
Fig 1ᵇⁱˢ Elévation transv.ᵉ des moteurs
Fig 7 Coupe suivant EF et Vue arrière
Affût pneumatique (Fig 6 à 13)
Fig 6 Elévation
Fig 13 Coupe de la Sellette suivant G-H
Fig 9 Coupe du berceau suiv.ᵗ CD
Fig 10. Vue avant du berceau et du Canon
Fig 12 Coupe du cylindre de frein à l'avant
Fig 4 Plan
Fig 11 Coupe du berceau suivant AB
Fig 8 Plan

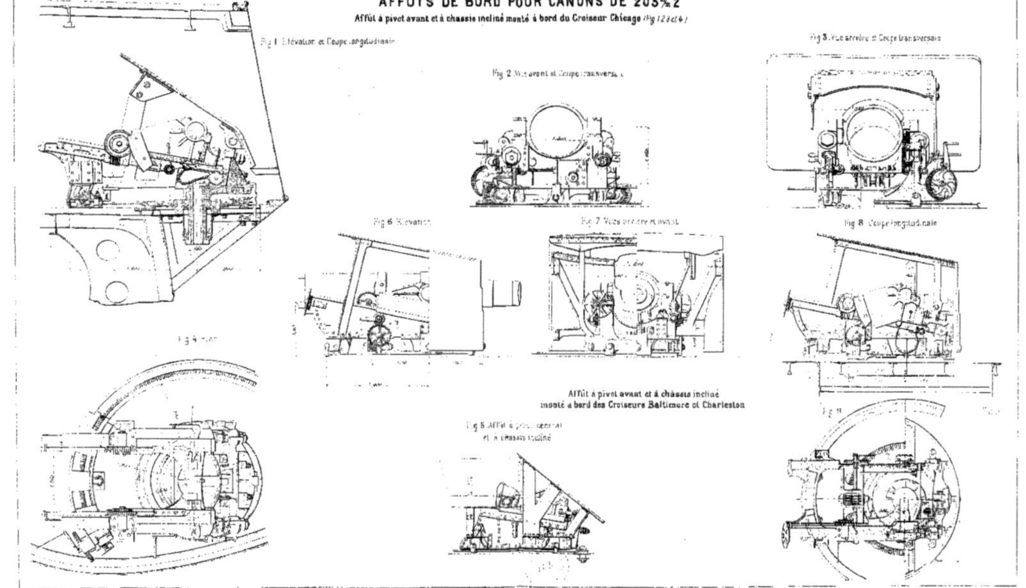
AFFÛTS DE BORD POUR CANONS DE 203ᵐ/ᵐ2
Affût à pivot avant et à chassis incliné monté à bord du Croiseur Chicago (Fig 1 2 3 et 4)
Fig 1 Élévation et Coupe longitudinale
Fig 2 Vue avant et Coupe transversale
Fig 3 Vue arrière et Coupe transversale
Fig 6 Élévation
Fig 7 Vue arrière et avant
Fig 8 Coupe longitudinale
Affût à pivot avant et à chassis incliné
monté à bord des Croiseurs Baltimore et Charleston
Fig 5 Affût à pivot central
et à chassis incliné

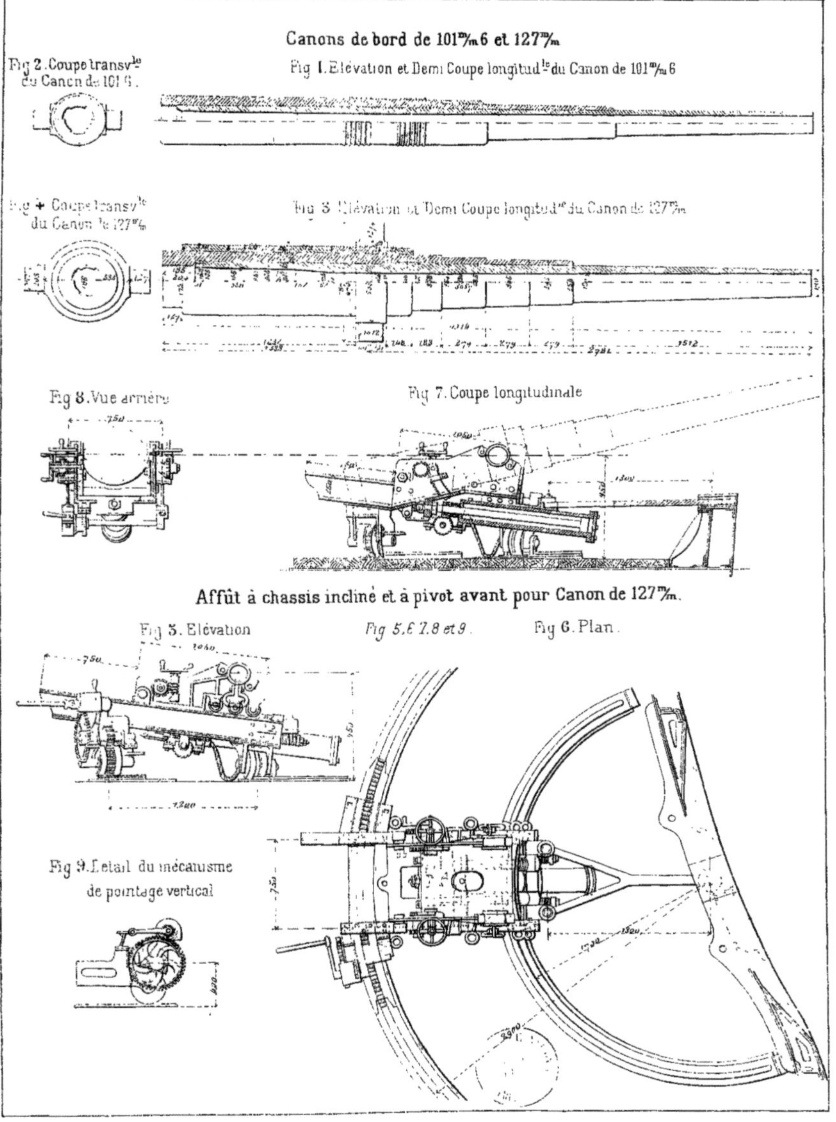

Canons de bord de 101ᵐ/ₘ6 et 127ᵐ/ₘ

ARTILLERIE DE GROS CALIBRE DE LA MARINE DES ETATS-UNIS.

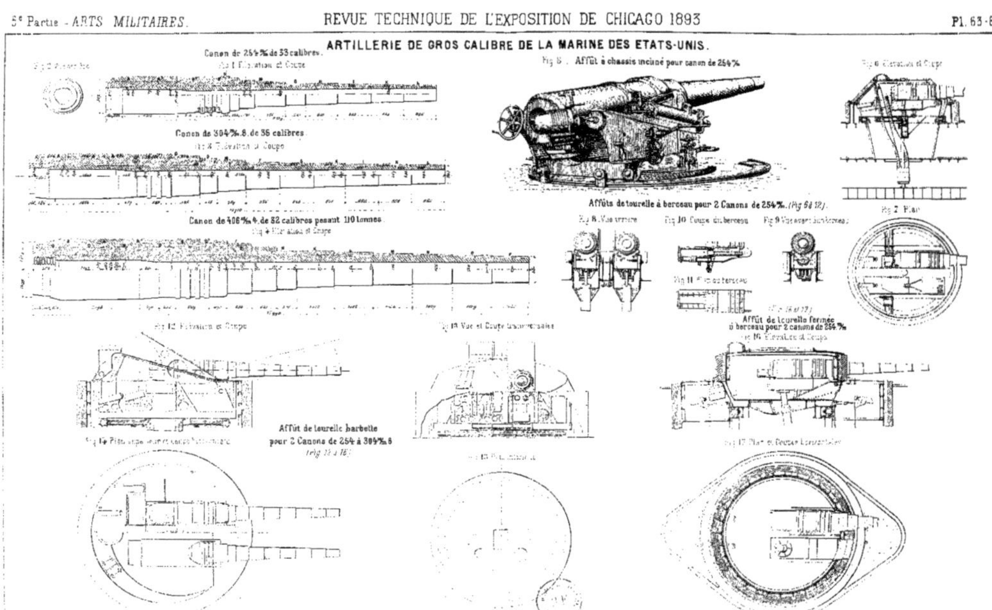

TOURELLE A MANŒUVRES HYDRAULIQUES POUR CANONS JUMEAUX DE 254 ᵐ/ₘ.

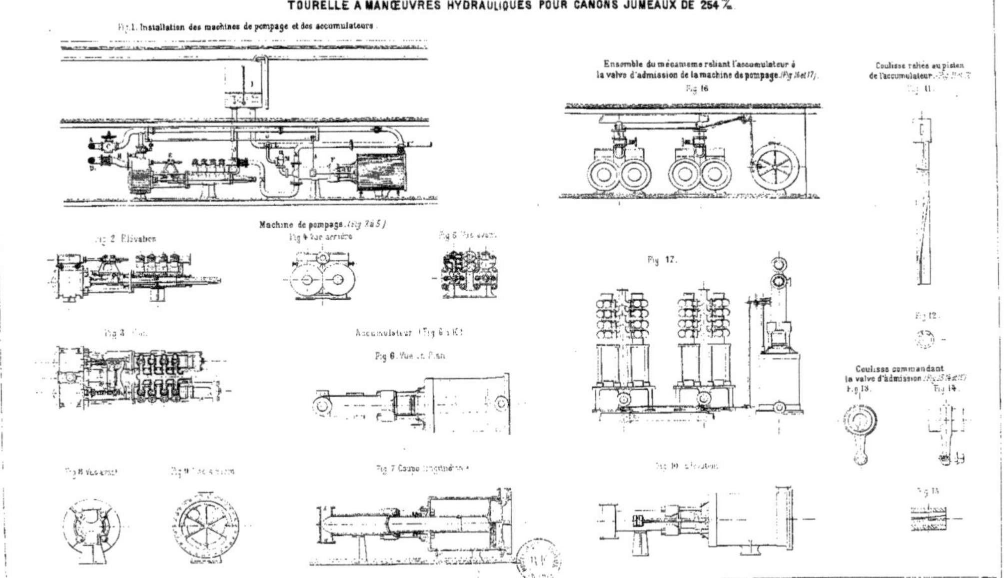

5ᵉ Partie - ARTS MILITAIRES

TOURELLE A MANŒUVRES HYDRAULIQUES POUR CANONS JUMEAUX DE 254 ⅔

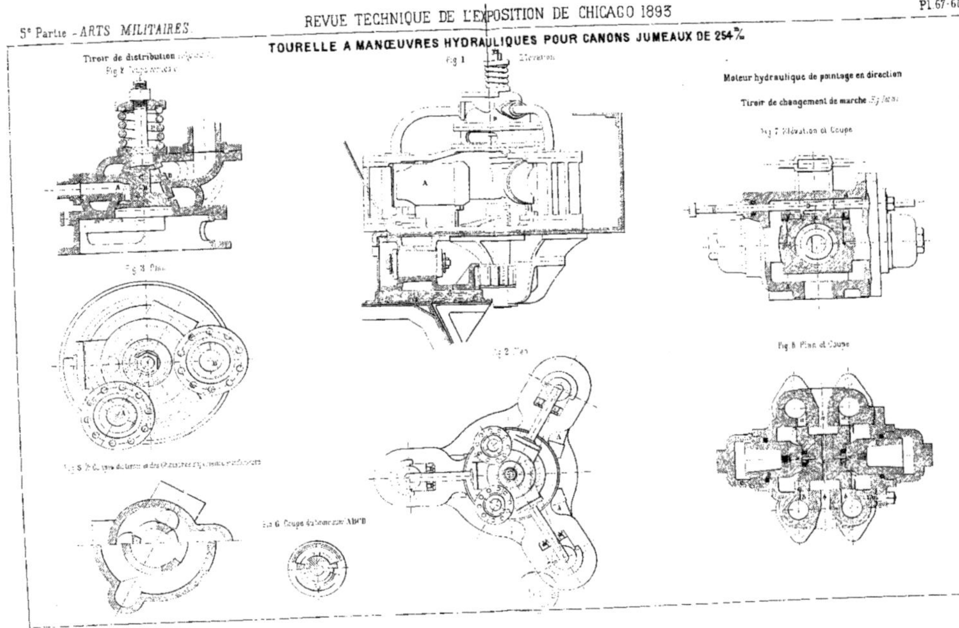

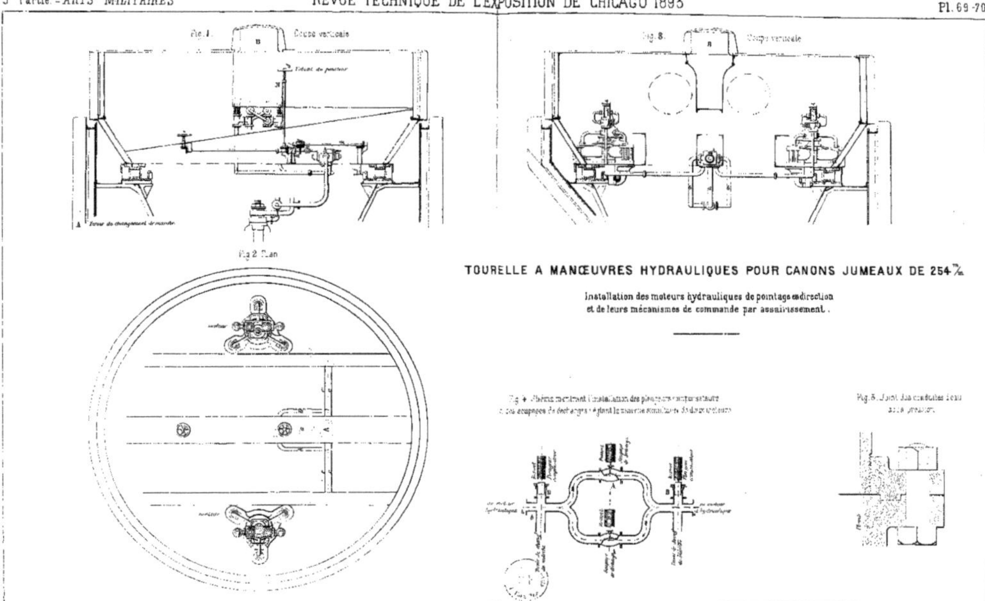

TOURELLE A MANŒUVRES HYDRAULIQUES POUR CANONS JUMEAUX DE 254 ⁿ/ₘ

Installation des moteurs hydrauliques de pointage en direction
et de leurs mécanismes de commande par assainissement.

CANONS-RÉVOLVERS ET MITRAILLEUSES.

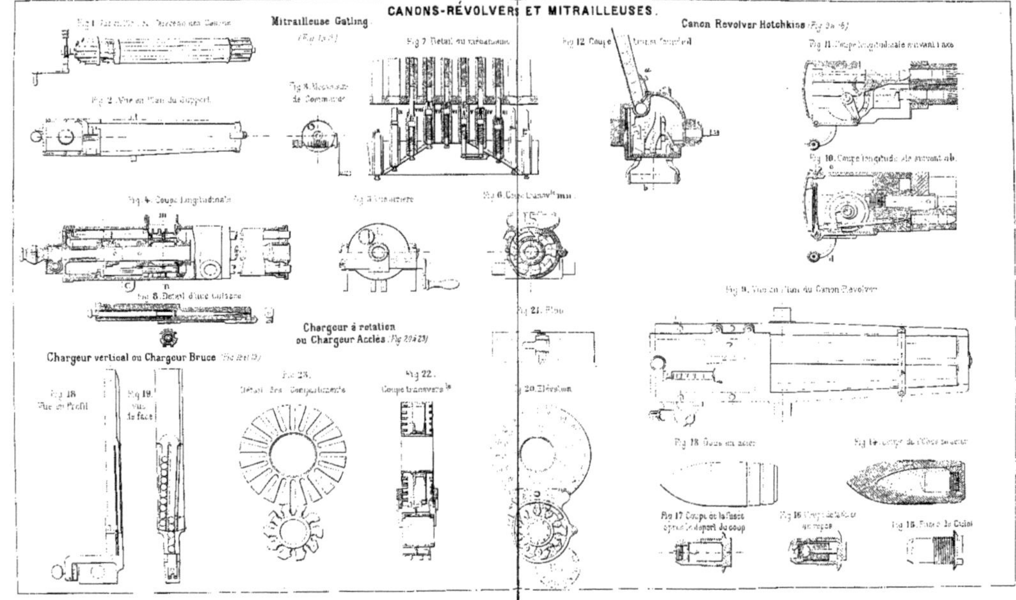

MATÉRIEL A TIR RAPIDE SYSTÈME DRIGGS-SCHRŒDER

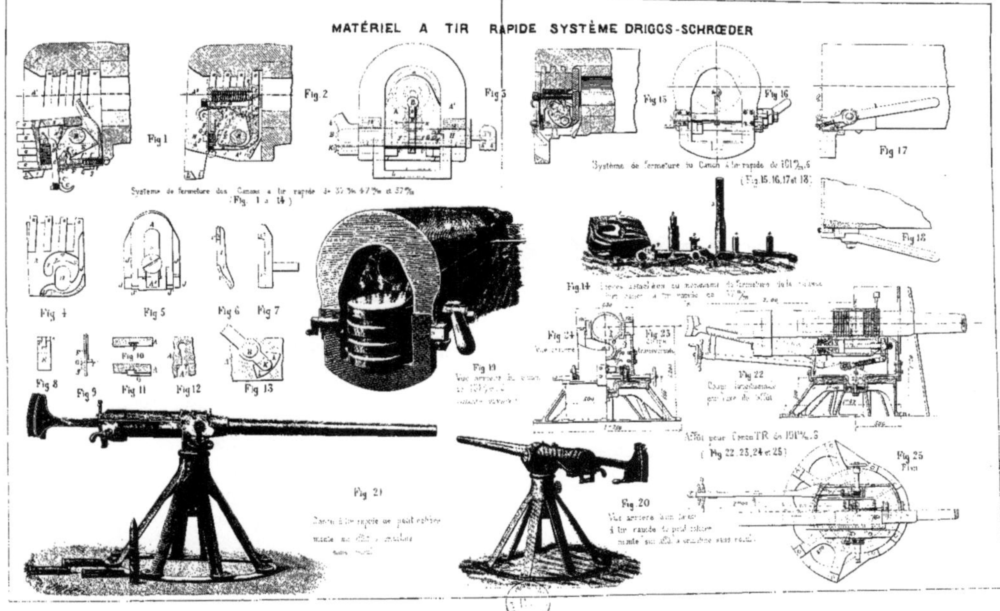

Système de fermeture des Canons à tir rapide de 37 ᵐ/ᵐ 47 ᵐ/ᵐ et 57 ᵐ/ᵐ
(Fig. 1 à 14)

Système de fermeture du Canon à tir rapide de 101 ᵐ/ᵐ,6
(Fig. 15,16,17 et 18)

Affût pour Canon TR de 101 ᵐ/ᵐ,6
(Fig. 22, 23, 24 et 25)

Fig 1   Fig 2   Fig 3   Fig 4   Fig 5   Fig 6   Fig 7   Fig 8   Fig 9   Fig 10   Fig 11   Fig 12   Fig 13   Fig 14   Fig 15   Fig 16   Fig 17   Fig 18   Fig 19   Fig 20   Fig 21   Fig 22   Fig 23   Fig 24   Fig 25

ARTILLERIE A TIR RAPIDE.

Système HOTCHKISS aux Etats-Unis.

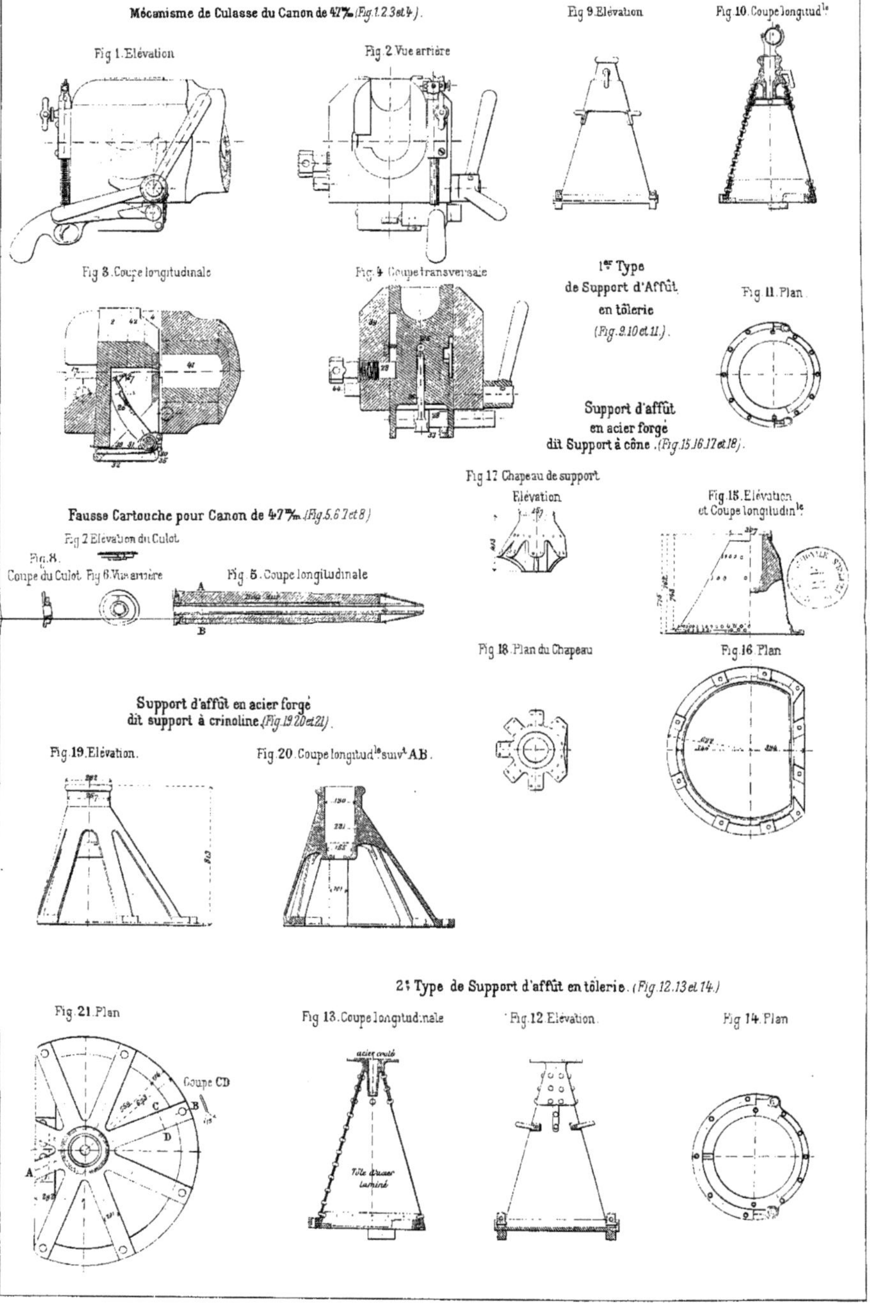

Mécanisme de Culasse du Canon de 47 ⁿ/ₘ (Fig. 1. 2. 3 et 4).

Fig 1. Elévation

Fig. 2. Vue arrière

Fig. 3. Coupe longitudinale

Fig. 4. Coupe transversale

Fig 9. Elévation

Fig. 10. Coupe longitud.ᵉ

1ᵉʳ Type
de Support d'Affût
en tôlerie
(Fig. 9. 10 et 11.)

Fig. 11. Plan.

Support d'affût
en acier forgé
dit Support à cône. (Fig. 15. 16. 17 et 18.)

Fausse Cartouche pour Canon de 47 ⁿ/ₘ (Fig. 5. 6. 7 et 8)

Fig. 7. Elévation du Culot.

Fig. 8.
Coupe du Culot.

Fig. 6. Vue arrière

Fig. 5. Coupe longitudinale

Fig 17. Chapeau de support.
Elévation

Fig. 18. Plan du Chapeau

Fig. 15. Elévation
et Coupe longitudin.ᵉ

Fig. 16. Plan

Support d'affût en acier forgé
dit support à crinoline. (Fig. 19. 20 et 21).

Fig. 19. Elévation.

Fig. 20. Coupe longitud.ᵉ suiv.ᵗ AB.

Fig. 21. Plan

Coupe CD

2ᵉ Type de Support d'affût en tôlerie. (Fig. 12. 13 et 14.)

Fig. 13. Coupe longitudinale

Fig. 12. Elévation.

Fig. 14. Plan

acier coulé

Tôle d'acier laminé

TYPES D'AFFÛTS A TIR RAPIDE DE LA MARINE DES ETATS-UNIS.

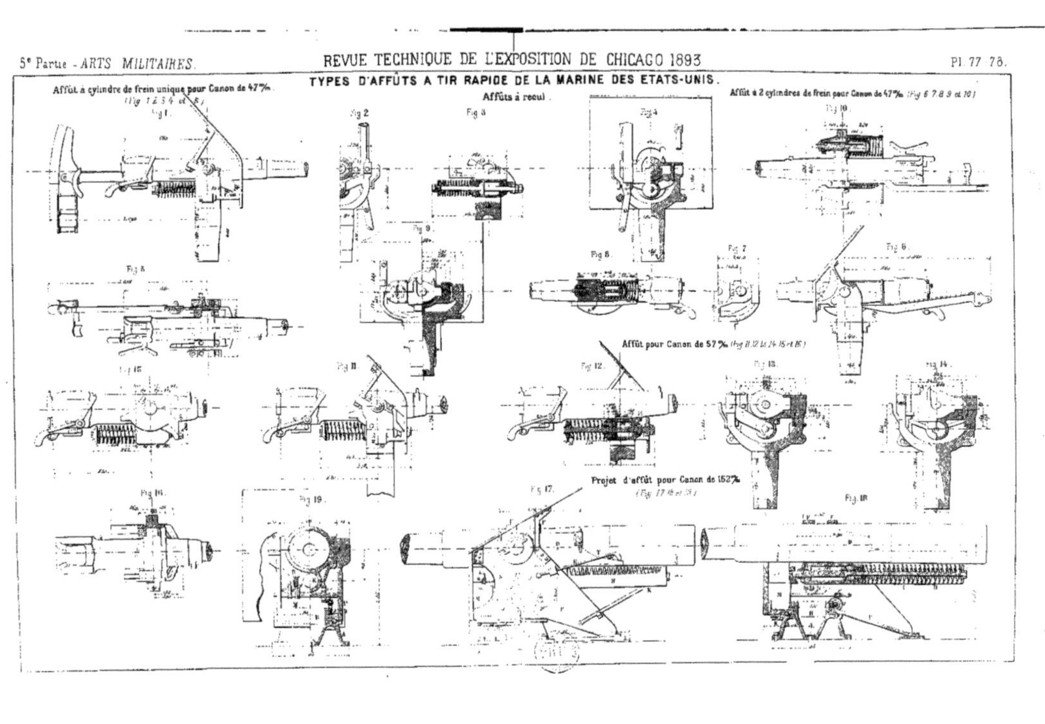

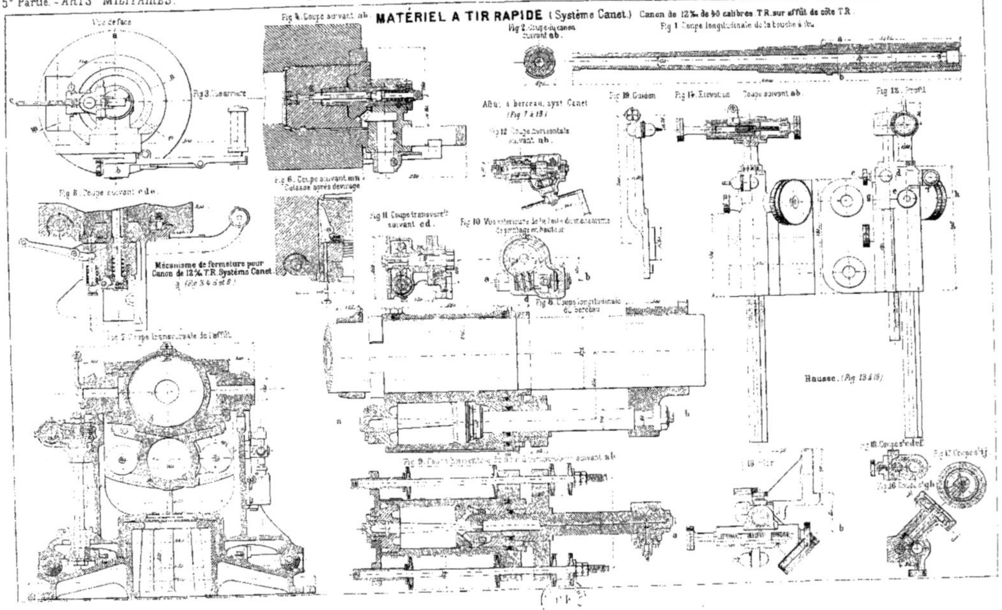

REVUE TECHNIQUE DE L'EXPOSITION DE CHICAGO 1893

MATÉRIEL A TIR RAPIDE (Système Canet.) Canon de 12ᶜ de 40 calibres T.R. sur affût de côte T.R.

Vue de face

Fig. 4. Coupe suivant ab.

Fig. 2. Coupe du canon suivant ab.

Fig. 1 Coupe longitudinale de la bouche à feu.

Fig. 3. Désarmure.

Fig. 5. Coupe suivant ef.

Fig. 6. Coupe suivant mn. Culasse après dévissage.

Affût à berceau, syst. Canet (Fig. 7 à 18).

Fig. 12. Coupe horizontale suivant ab.

Fig. 11. Coupe transversale suivant cd.

Fig. 10. Vue extérieure de la boîte du mécanisme de pointage en hauteur.

Fig. 8. Coupe longitudinale du berceau.

Mécanisme de fermeture pour Canon de 12ᶜ T.R. Système Canet. (Fig. 3 4 5 et 6).

Fig. 7. Coupe transversale de l'affût.

Fig. 19. Guidon

Fig. 14. Élévation. Coupe suivant ab.

Fig. 13. Profil

Hausse. (Fig. 13 à 19).

Fig. 18. Coupe suivant ef.

Fig. 17. Coupe suivant ij.

Fig. 16. Coupe suivant gh.

Fig. 9. Coupe longitudinale de l'affût et du berceau suivant ab.

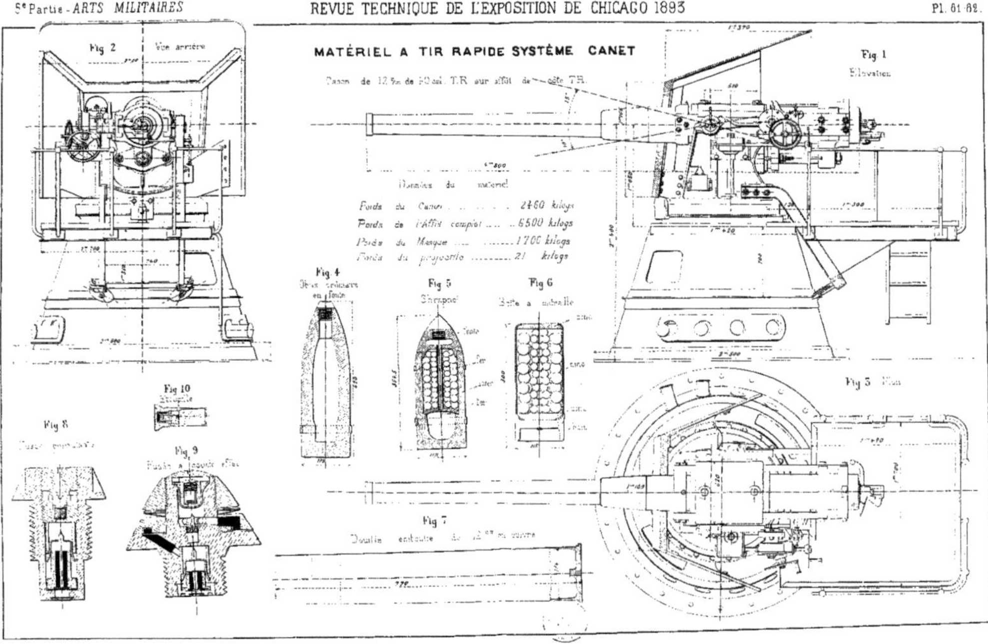
MATÉRIEL A TIR RAPIDE SYSTÈME CANET
Fig 2
Vue arrière
Fig 1
Elévation
Canon de 12 ᵉ de 40 cal. T.R. sur affût de côté T.R.
Données du matériel
Poids du Canon .... 2460 kilogs
Poids de l'Affût complet .... 6500 kilogs
Poids du Masque .... 1700 kilogs
Poids du projectile .... 21 kilogs
Fig 4
Obus trincara en fonte
Fig 5
Shrapnel
Fig 6
Boîte a mitraille
Fig 3
Plan
Fig 10
Fig 8
Fig 9
Fusée a double effet
Fig 7
Douille entière de 12 ᵉᵐ en cuivre

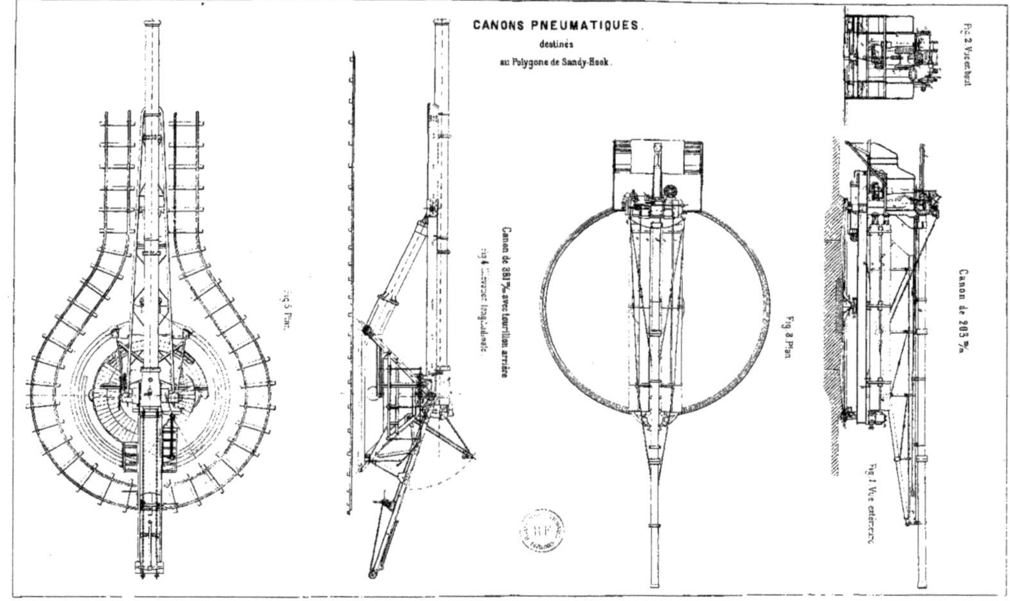
CANONS PNEUMATIQUES.
destinés
au Polygone de Sandy-Hook.
Fig 2. Vue en bout
Canon de 381 ᵐ⁄ avec tourillon arrière
Fig 4. Coupe longitudinale
Fig 3 Plan
Canon de 203 ᵐ⁄
Fig 1 Vue extérieure
Fig 5 Plan

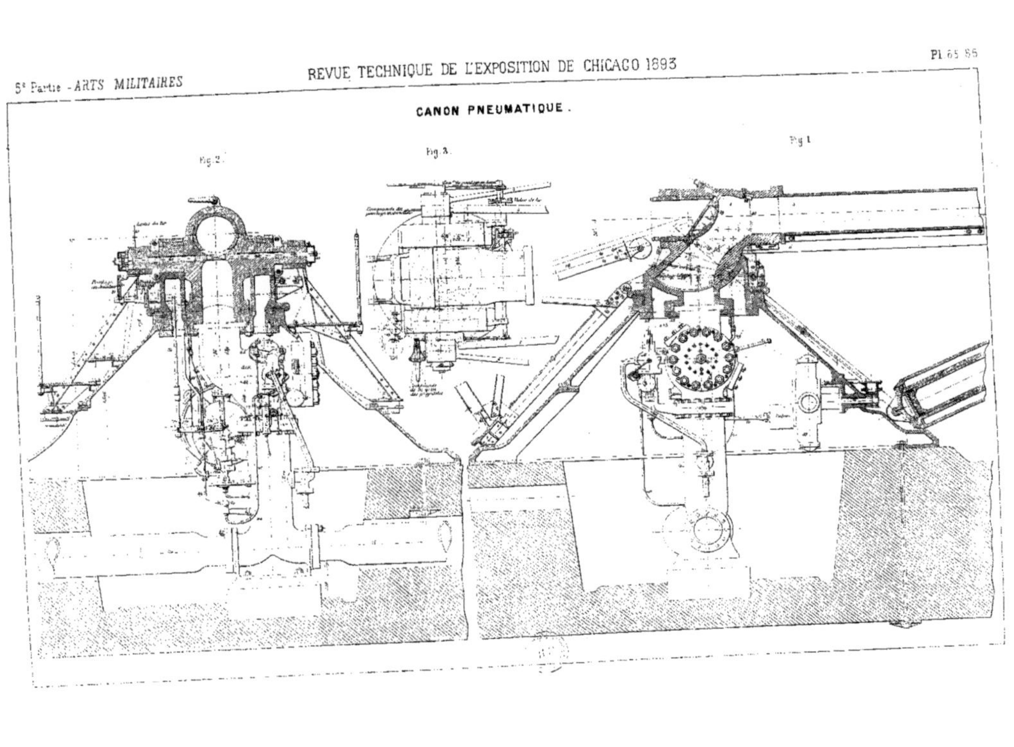
CANON PNEUMATIQUE.
Fig 2.
Fig 3.
Fig 1

CANON PNEUMATIQUE DE 381 ᵐ/m.
Modèle 1890.

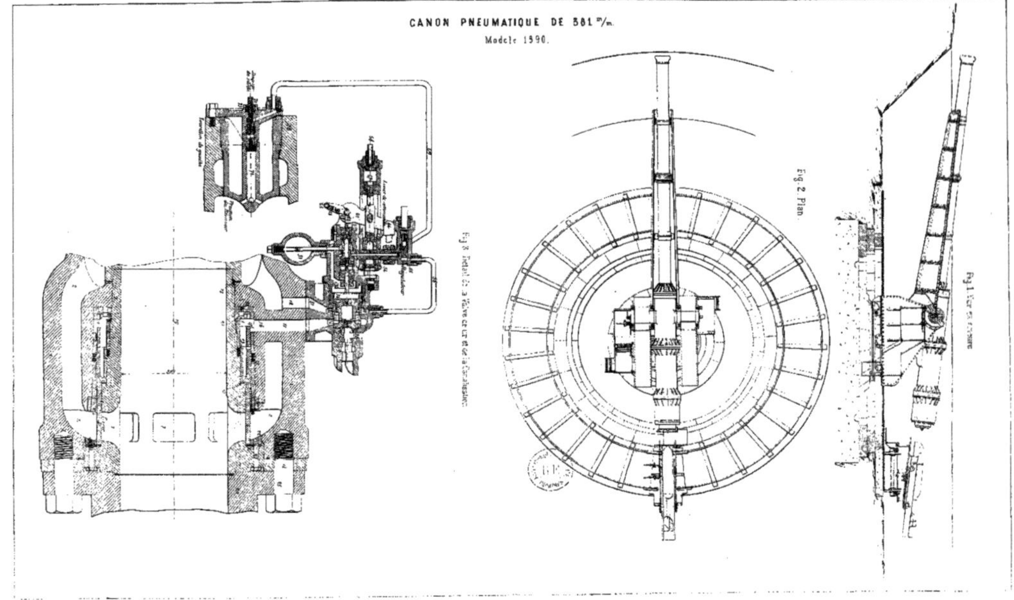

CANON PNEUMATIQUE.

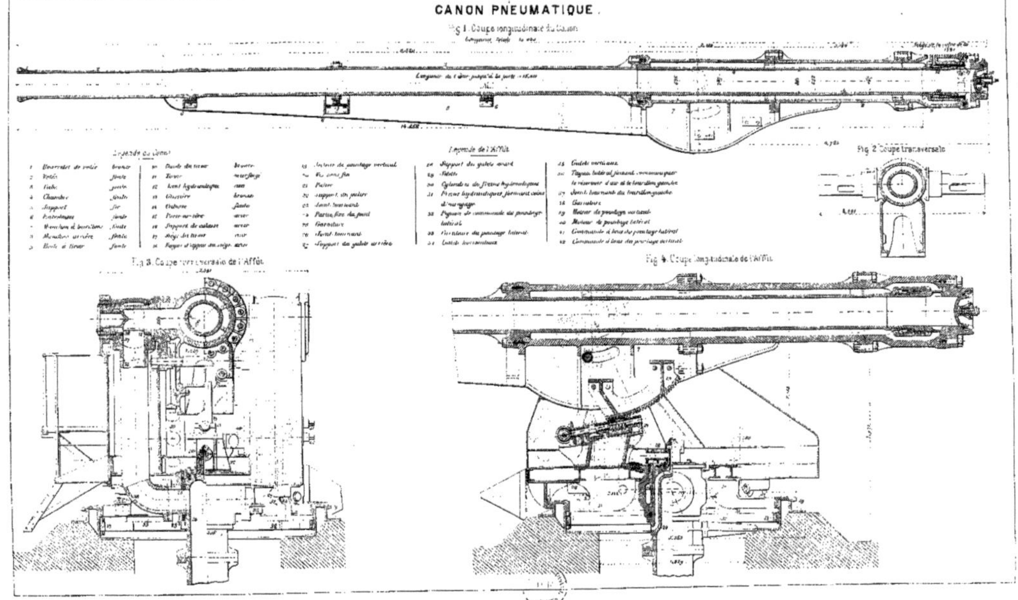

CANONS A FIL D'ACIER

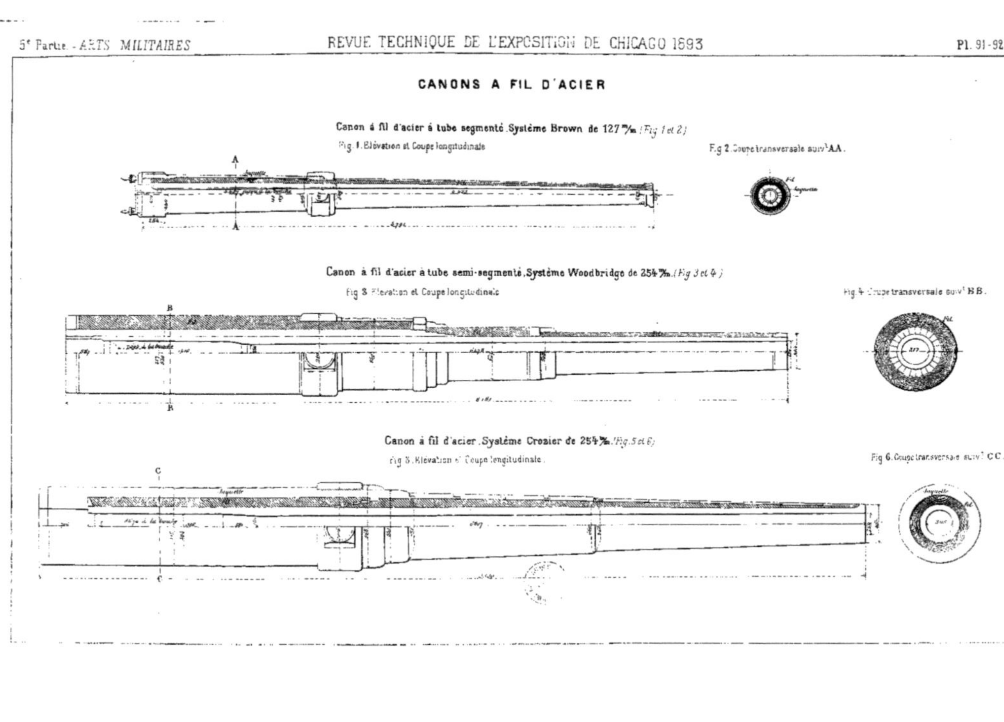

REVUE TECHNIQUE DE L'EXPOSITION DE CHICAGO 1893

PETITES ARMES.

Fusil d'Infanterie, Modèle 1892 des Etats-Unis.

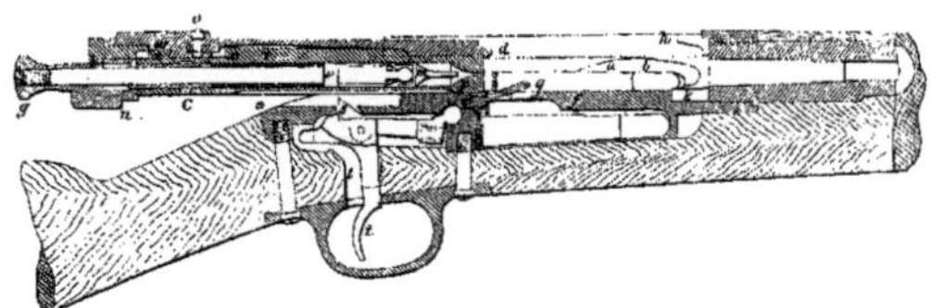

Fig. 1. Coupe longitudinale (Culasse ouverte)

Fig. 3. Coupe transversale (Magasin ouvert)

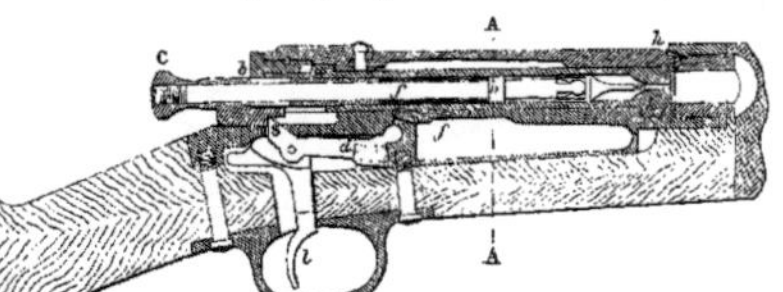

Fig. 2. Coupe longitudinale (Culasse fermée)

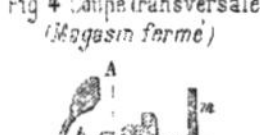

Fig. 4. Coupe transversale (Magasin fermé)

Fig. 5. Coupe transversale (Magasin avec 3 cartouches)

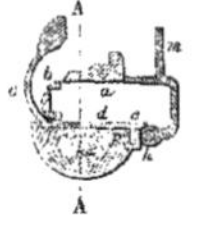

Fig. 7. Vue du magasin.

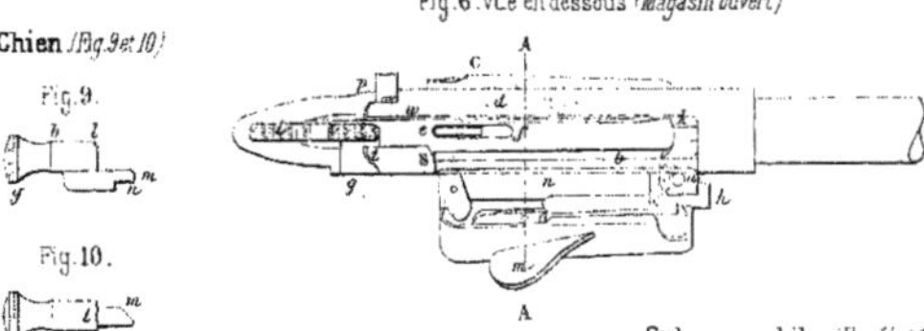

Fig. 6. Vue en dessous (Magasin ouvert)

Chien (Fig. 9 et 10)

Fig. 9.

Fig. 10.

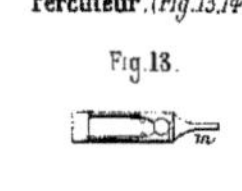

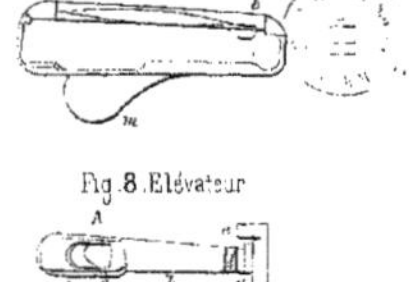

Fig. 8. Elévateur

Culasse mobile (Fig. 11 et 12)

Percuteur (Fig. 13, 14 et 15)

Fig. 13.

Fig. 11.

Fig. 12.

Fig. 18. Ressort de l'arrêt de répétition

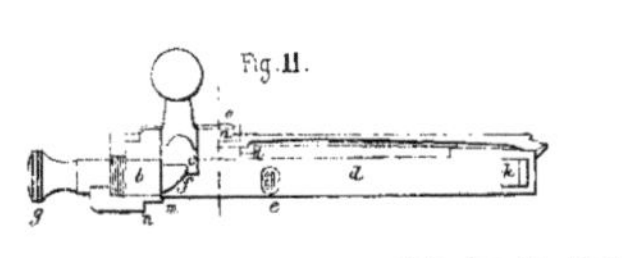

Fig. 19. Arrêt de répétition

Fig. 14.

Fig. 20. Ressort du percuteur

Cylindre (Fig. 16 et 17)

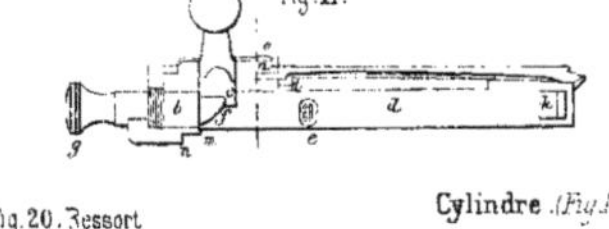

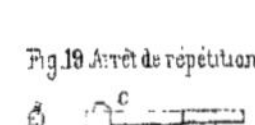

Fig. 15.

Fig. 16.

Fig. 17.

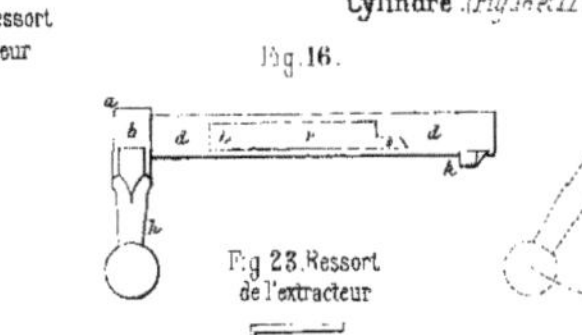

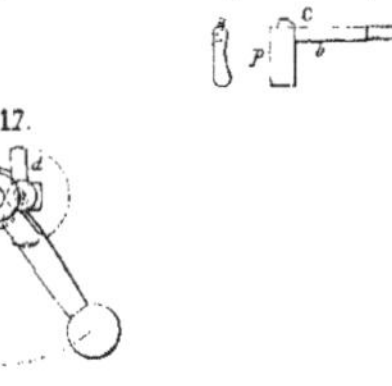

Fig. 23. Ressort de l'extracteur

Ressort de l'Elévateur (Fig. 26 et 27)

Fig. 26.

Corps du percuteur (Fig. 24 et 25).

Fig. 24.

Extracteur (Fig. 21 et 22)

Fig. 21.

Fig. 25.

Fig. 27.

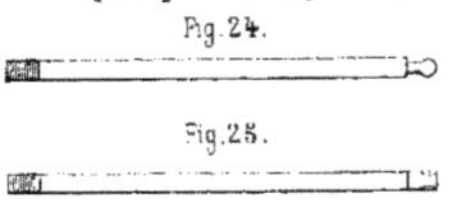

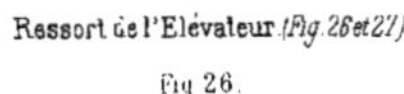

Fig. 22.

Manchon mobile (Fig. 28, 29 et 30)

Loquet de sûreté (Fig. 31 et 32)

Fig. 29.

Fig. 28.

Fig. 30.

Fig. 31.

Fig. 32.

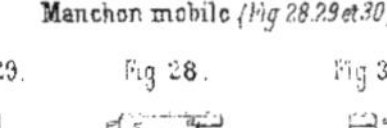

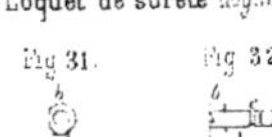

TORPILLE WHITEHEAD.

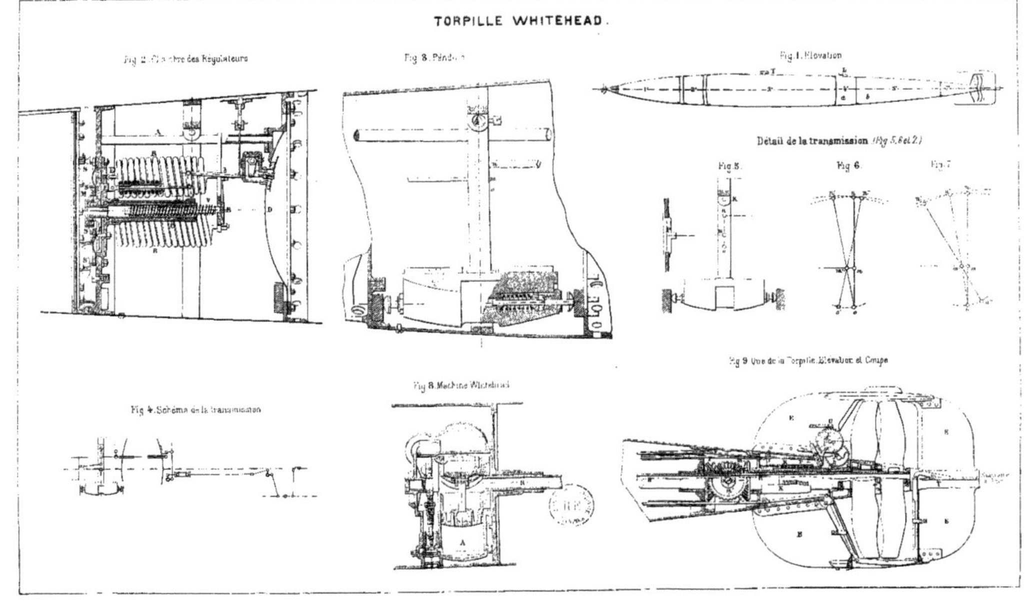

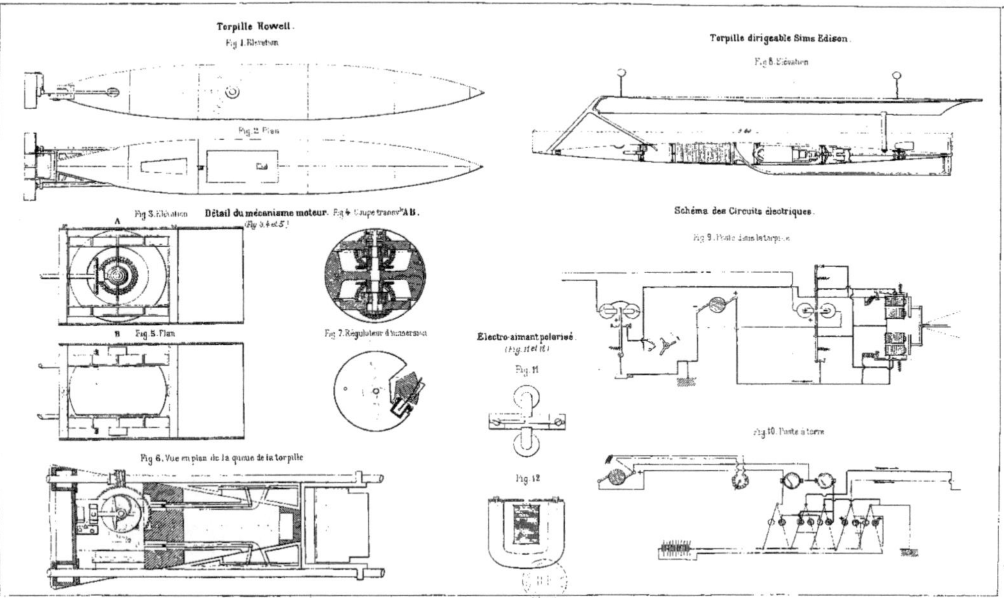

Torpille Howell.
Fig. 1. Élévation
Fig. 2. Plan
Fig. 3. Élévation
Détail du mécanisme moteur.
(Fig. 3, 4 et 5.)
Fig. 4. Coupe transv. AB.
Fig. 5. Plan
Fig. 6. Vue en plan de la queue de la torpille
Fig. 7. Régulateur d'immersion
Torpille dirigeable Sims Edison.
Fig. 8. Élévation
Schéma des Circuits électriques.
Fig. 9. Poste sans torpille
Fig. 10. Poste à terre
Électro-aimant polarisé.
(Fig. 11 et 12)
Fig. 11
Fig. 12

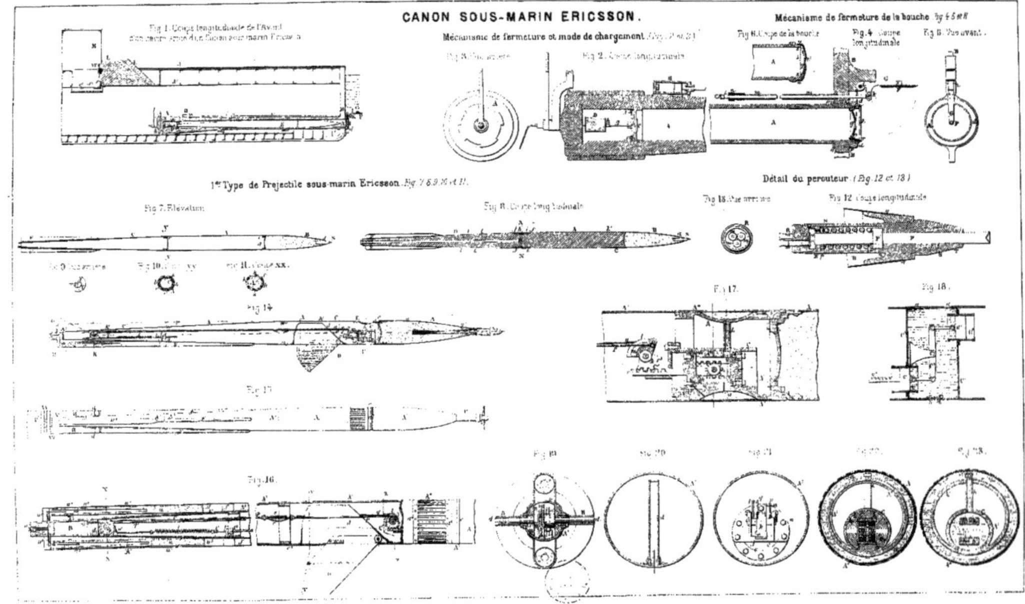
CANON SOUS-MARIN ERICSSON.
Mécanisme de fermeture et mode de chargement. (Fig. 2 et 3.)
Mécanisme de fermeture de la bouche (fig. 4,5 et 6.)
Fig. 1. Coupe longitudinale de l'Avant
Fig. 3. Vue arrière
Fig. 2. Coupe longitudinale
Fig. 6. Coupe de la bouche
Fig. 4. Coupe longitudinale
Fig. 5. Vue avant.
1ᵉʳ Type de Projectile sous-marin Ericsson. (Fig. 7,8,9,10 et 11.)
Détail du percuteur. (Fig. 12 et 13.)
Fig. 7. Elévation
Fig. 8. Coupe longitudinale
Fig. 13. Vue arrière
Fig. 12. Coupe longitudinale
Fig. 9. Coupe suivant
Fig. 10. Coupe XX
Fig. 11. Coupe XX.
Fig. 14.
Fig. 17.
Fig. 18.
Fig. 15.
Fig. 16.
Fig. 19.
Fig. 20.
Fig. 21.
Fig. 22.
Fig. 23.

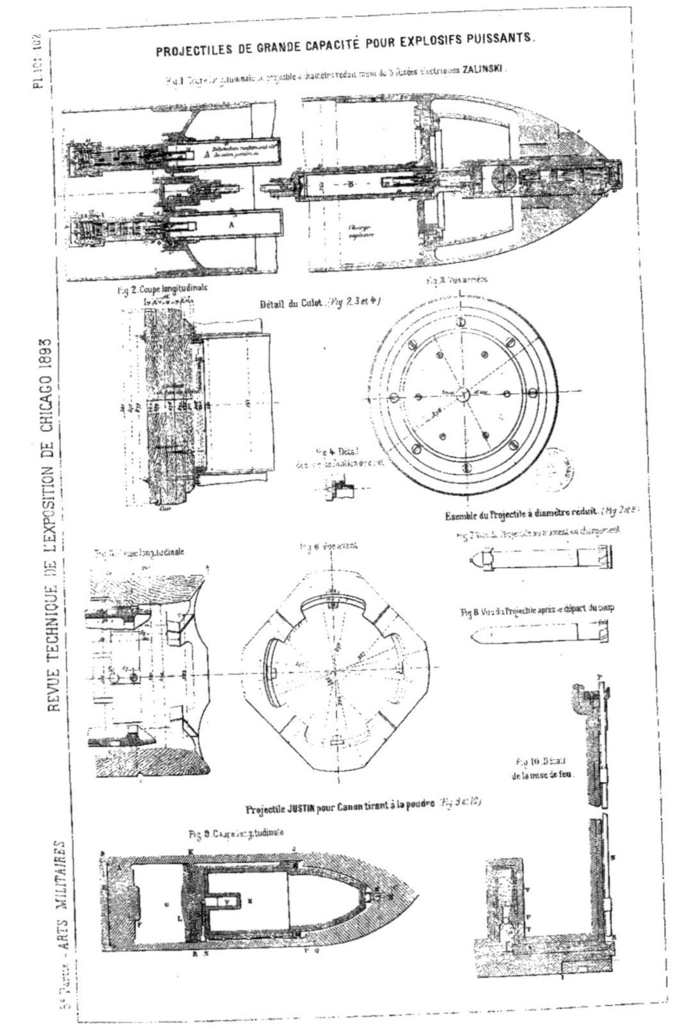

Projectiles de grande capacité pour explosifs puissants.

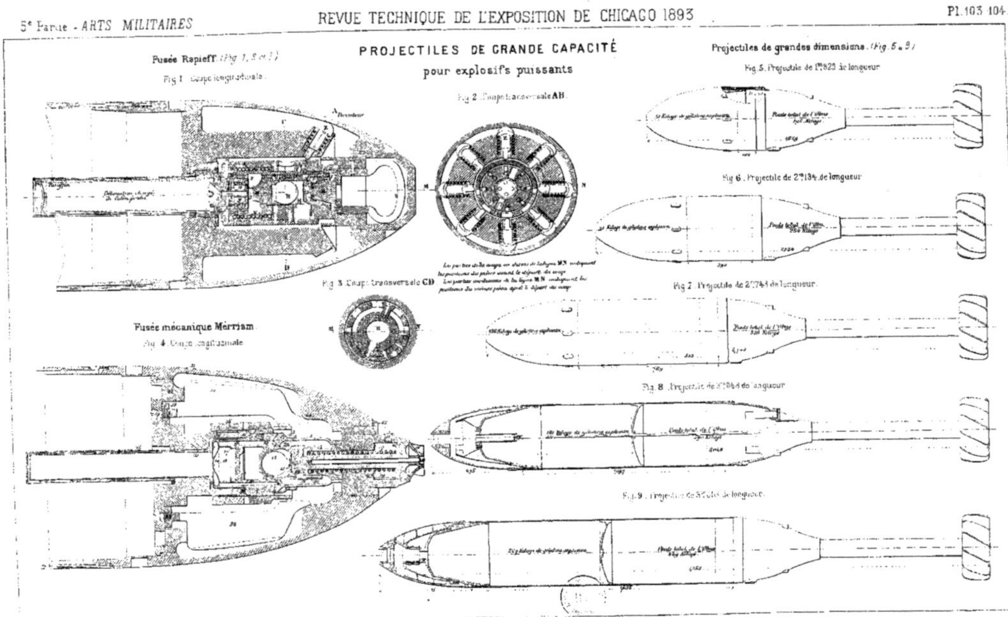
PROJECTILES DE GRANDE CAPACITÉ
pour explosifs puissants
Fusée Rapieff. (Fig. 1, 2 et 3)
Fig 1. Coupe longitudinale.
Fig 2. Coupe transversale AB.
Fig 3. Coupe transversale CD.
Fusée mécanique Merriam
Fig 4. Coupe longitudinale.
Projectiles de grandes dimensions. (Fig. 5 à 9)
Fig 5. Projectile de 1m,825 de longueur.
Fig 6. Projectile de 2m,134 de longueur.
Fig 7. Projectile de 2m,743 de longueur.
Fig 8. Projectile de 3m,048 de longueur.
Fig 9. Projectile de 3m,658 de longueur.

MOTEURS À GAZ & À PÉTROLE
OTTO
MOTEURS à gaz
et à huile de pétrole
de 1 à 10 chevaux.
Avec Gazogène à Gaz pauvre OTTO.
RÉCOMPENSES AUX EXPOSITIONS
FIXARY
Machines à Glace
ET À
Air froid sec

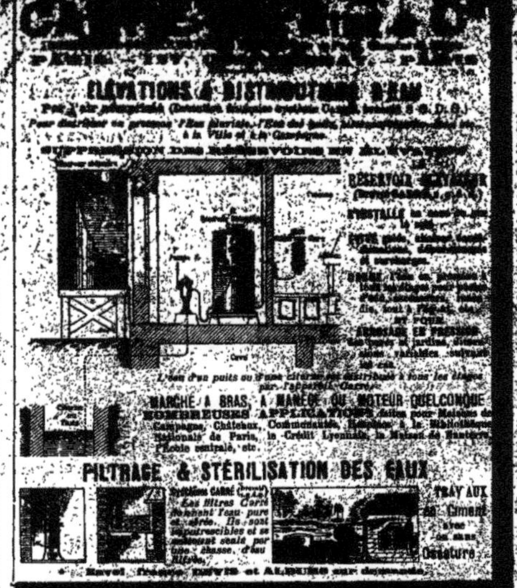

ÉLÉVATIONS & DISTRIBUTIONS D'EAU
MARCHE À BRAS, À MANÈGE OU MOTEUR QUELCONQUE
FILTRAGE & STÉRILISATION DES EAUX

9 782013 668408